移动 Web 前端开发

主　编　赵文艳　康　健
副主编　王　萍　赵　杰　李红艳
参　编　陆　郁　常鹏飞

北京理工大学出版社
BEIJING INSTITUTE OF TECHNOLOGY PRESS

图书在版编目（CIP）数据

移动Web前端开发 / 赵文艳，康健主编. —北京：北京理工大学出版社，2018.9（2021.7重印）

ISBN 978-7-5682-5518-9

Ⅰ.①移…　Ⅱ.①赵… ②康…　Ⅲ.①移动终端-应用程序-程序设计　Ⅳ.①TN929.53

中国版本图书馆CIP数据核字（2018）第079144号

出版发行／北京理工大学出版社有限责任公司
社　　址／北京市海淀区中关村南大街5号
邮　　编／100081
电　　话／（010）68914775（总编室）
　　　　　（010）82562903（教材售后服务热线）
　　　　　（010）68948351（其他图书服务热线）
网　　址／http://www.bitpress.com.cn
经　　销／全国各地新华书店
印　　刷／定州市新华印刷有限公司
开　　本／787毫米×1092毫米　1/16
印　　张／10.5
字　　数／234千字
版　　次／2018年9月第1版　2021年7月第3次印刷
定　　价／28.00元

责任编辑／张荣君
文案编辑／张荣君
责任校对／周瑞红
责任印制／边心超

图书出现印装质量问题，请拨打售后服务热线，本社负责调换

前言

PREFACE

为什么出这本书

随着移动 Web 的兴起，人们越来越重视移动端的用户体验。手机、平板电脑等移动设备已经把台式机、笔记本的市场份额进一步压缩。但是手机、平板等移动设备不同的分辨率和显示模式对 Web 应用的通用性提出了很大地挑战。企业急需移动 Web 开发工程师优化客户端程序，让移动应用能达到双一致，即显示的一致性和功能的一致性。然而，IT 教育教材更新速度缓慢，课程相对滞后，导致学生所学并不能满足企业的需求。

如何解决现状

针对中国 IT 教育现状，本书以项目导向指引全部章节的编写，从实际项目出发，首先阐述了 HTML5、CSS3、JavaScript 等前端开发技术，然后介绍移动端常用布局方案、JQuery 库、BootStrap 前面框架，最后拓展知识 PhoneGap 开发一站式移动 Web 程序，循序渐进的指导学生进行学习。本书有以下几大特点:

1. 适度学习——关注点分离

本书提出适度学习的理念，只关注移动 Web 前端开发中必须必备的技能。聚焦问题点，逐个击破，以关注点分离（SOF）的理念进行章节知识点的铺设，去掉非必须知识点，让读者能短平快的进入移动 Web 前端开发的熟手行列。

2. 项目导向——碎片化开发

本书在每一个知识点都配套了一个具有上下文连贯性的真实案例，让学生能够把知识点化整为零，在本书阅读中以知识点为单位进行碎片化的学习，极大地提高了学习效率。

3. 一站式设计——全栈讲解

本书提供了从前台 HTML5+CSS3 的第一阶段页面设计，完美的结合了 HTML5 和 CSS3 的特性，完成 Web 响应式布局。然后进入了 JavaScript 和 JQuery 的脚本动画设计，完成了 Web 页面的动画效果。进而又引入了当下最流行的 BootStrap 框架，最后进行了基于 PhoneGap 的移动 App

开发。完成了一整套移动应用的开发与设计，为移动开发提供了一站式的完美解决方案。

4. 丰富的案例资源——案例代码全覆盖

本书提供了丰富的配套资源，可以通过微信“扫一扫”观看全书案例代码教学视频以及实例的在线演示。同时本书还提供了相关的配套资源（教案、课件、教学大纲等内容），以及软件资源包，方便用户学习和搭建开发环境。

本书适合的群体

主要面对零基础的在校生，移动 Web 开发的初学者和爱好者。适合任何想学习移动 Web 开发的读者，无论是否从事计算机专业，是否接触过移动 WEB 开发。本书即可作为大中专院校的教材，也可成为从业人员的参考书。

编　者

目录

CONTENTS

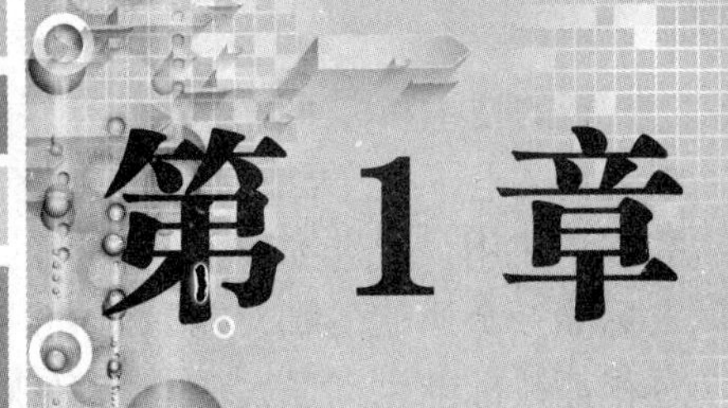

第1章

初探移动 Web 开发

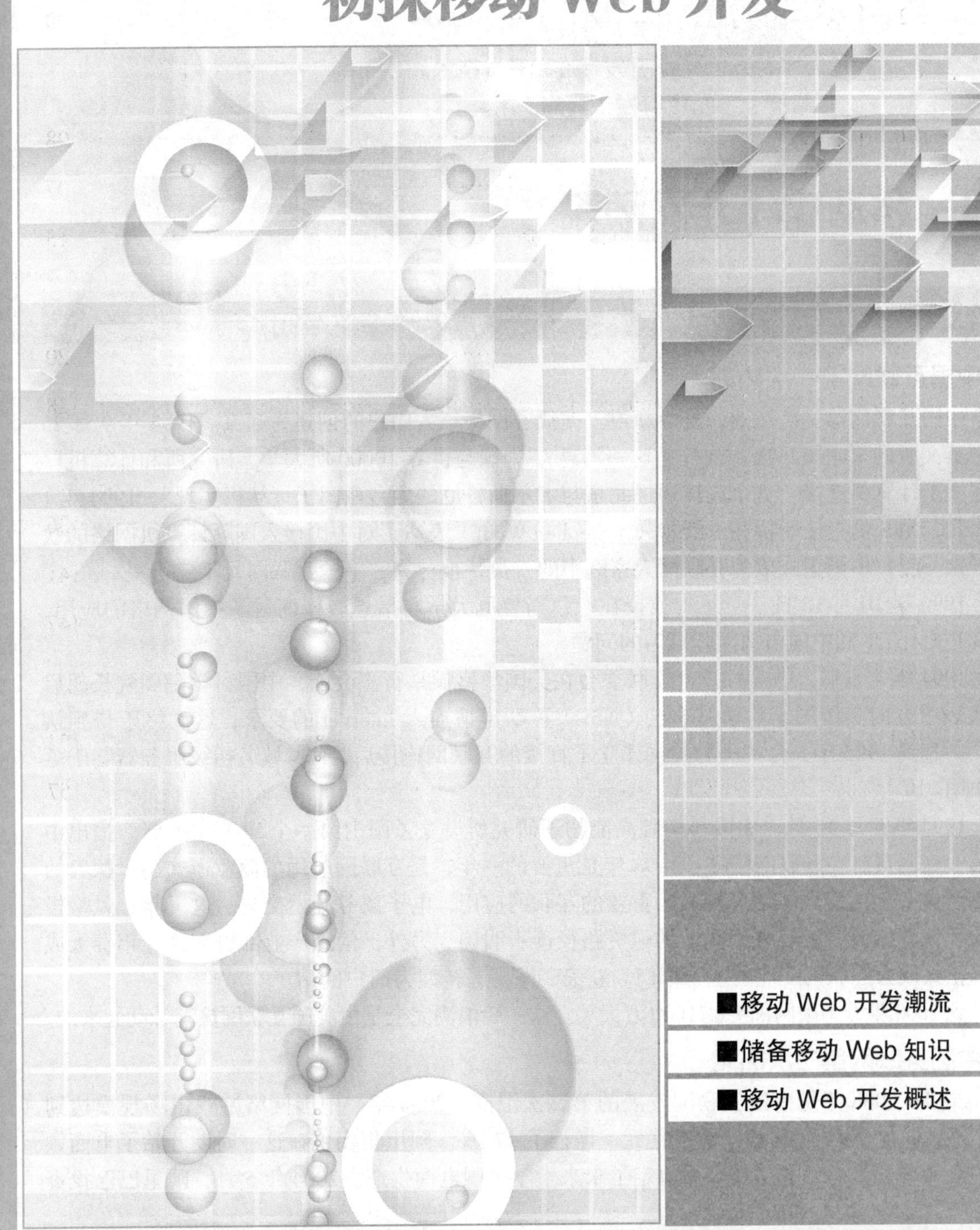

- ■移动 Web 开发潮流
- ■储备移动 Web 知识
- ■移动 Web 开发概述

新的技术和标准随着移动互联网的发展而产生，移动 Web 开发是指开发在智能手机、平板电脑、电子阅读器等手持移动设备中运行的 Web 程序。移动互联网的快速发展和移动终端的广泛使用，促进了大数据时代的到来。与此同时，HTML5 技术也异军突起，它是 Web 开发标准一个质的飞跃，在 HTML5 平台上，图像、音频、视频、动画与移动终端的各种交互过程都被标准化。强大功能的 HTML5 在移动互联网时代给用户带来一种全新的应用方式和用户体验。

本章重点 ⇨ 1. 了解移动 Web 开发技术。
2. 了解移动 Web 开发标准。
3. 了解移动 Web 开发标准和开发技术。
4. 掌握 sublime 开发工具的使用。

1.1 移动Web开发潮流

1.1.1 移动互联网的发展浪潮

1. 中国互联网第一次热潮

中国互联网第一次热潮，是以新浪、搜狐、网易三大门户的创建为起点。1994 年 9 月 25 日，英文版的《中国日报》刊登了这一消息：“中国与世界 10000 所大学、研究所和计算机厂家建立了计算机连接。这个连接通过北京与卡尔斯鲁厄的两台西门子计算机实现”。1994 年 1 月 8 日，NFS 的主任斯特芬·沃尔夫（Stephen Wolff）表达了对中国接入国际计算机网络的欢迎。这一年，中国正式成为互联网大家庭中的一员，被称为“中国互联网元年”。

1990 年 10 月 10 日，王运丰教授在卡尔斯鲁厄大学与措恩教授商讨了中国网络的应用，尤其是 CANET 和中国申请国际域名的问题。

1994 年 4 月初，中美科技合作联委会在美国华盛顿举行。会前，中国科学院副院长胡启恒代表中方向美国国家科学基金会（NSF）重新申请连入 Internet 的要求，这次终于得到认可。一直到 1995 年 5 月中国和美国建立了直接的互联网连接后，.CN 域名初级服务器终于落户中国。

1994 年 5 月 15 日，中国科学院高能物理研究所设立了国内第一个 Web 服务器，推出中国第一套网页。在互联网领域，1998 年是重要的一年，是互联网应用的商业模式逐步探索的一年。这一年，门户网站开始成为重要的互联网应用，电子商务开始交易。这一年，风险投资的环境开始改善，互联网企业的融资路径逐步明确。另外，信息产业部也在这一年春天成立，正式成为互联网产业的主管部门。新浪、网易等转型为门户网站。

到 2000 年，中国网民突破 1000 万大关。这一轮浪潮完全是由美国互联网热潮带动起来的。

2. 中国互联网第二次热潮

2001—2008 年是中国互联网发展的第二次浪潮。2004 年，中国网络游戏市场规模达到 24.7 亿元，比 2003 年增长了近 5 亿元，增长了 47.9%。阿里集团也在这一时期开始了电商领域的全布局，这一年的动作几乎奠定了未来十年中国电商生态。2004 年 5 月，阿里巴巴投资

1 亿元人民币创立淘宝网，2004 年 10 月，阿里巴巴推出“支付宝”，为网络交易双方提供包含第三方担保的网络支付服务。淘宝网与支付宝在以后的十年里彻底改变了中国人的购物习惯，产生了巨大的影响。

在这次热潮中，移动和互联网融合进而产生了移动互联网，继承了移动随时随地随身和互联网分享、开放、互动的优势，是整合两者优势的“升级版本”，即运营商提供无线接入，互联网企业提供各种成熟的应用。

3. 中国互联网第三次热潮

2012 年是中国移动互联网爆发的一年，智能手机崛起，PC 使用率真正开始全面下滑，手机网民第一次超越 PC 网民，移动互联网时代正式开启，互联网正式步入多屏时代。手机成为第一位上网终端，互联网企业纷纷开始向移动端转型。移动网民手机依赖度提高，手机上网习惯逐步养成，中国互联网络信息中心（CNNIC）在北京发布的第 40 次《中国互联网络发展状况统计报告》显示，截至 2017 年 6 月，中国网民规模达到 7.51 亿人，占全球网民总数的五分之一，互联网普及率为 54.3%。截至 2017 年 6 月，我国手机网民规模达 7.24 亿人，较 2016 年年底增加 2830 万人。网民中使用手机上网的比例由 2016 年年底的 95.1% 提升至 96.3%。

1.1.2　智能设备的普及风暴

除了个人和掌上电脑，还有许多智能设备，包括医学器械、地质设备、家用设备等，如智能手机、平板电脑、电子阅读器、电视机、车载设备等。智能设备的普及使得人们可以把互联网放到手中，实现 24 小时随身在线的生活。人们可以随时随地随身查找资讯、处理工作、保持沟通、进行娱乐，那些遥不可及的梦想已经变成了现实。移动互联网的浪潮正在席卷到社会的方方面面，各类应用在苹果和安卓商店的下载已达到数百亿次，而移动用户规模更是远远超过了 PC 用户。中国手机网民规模及其占网比例如图 1.1 所示。

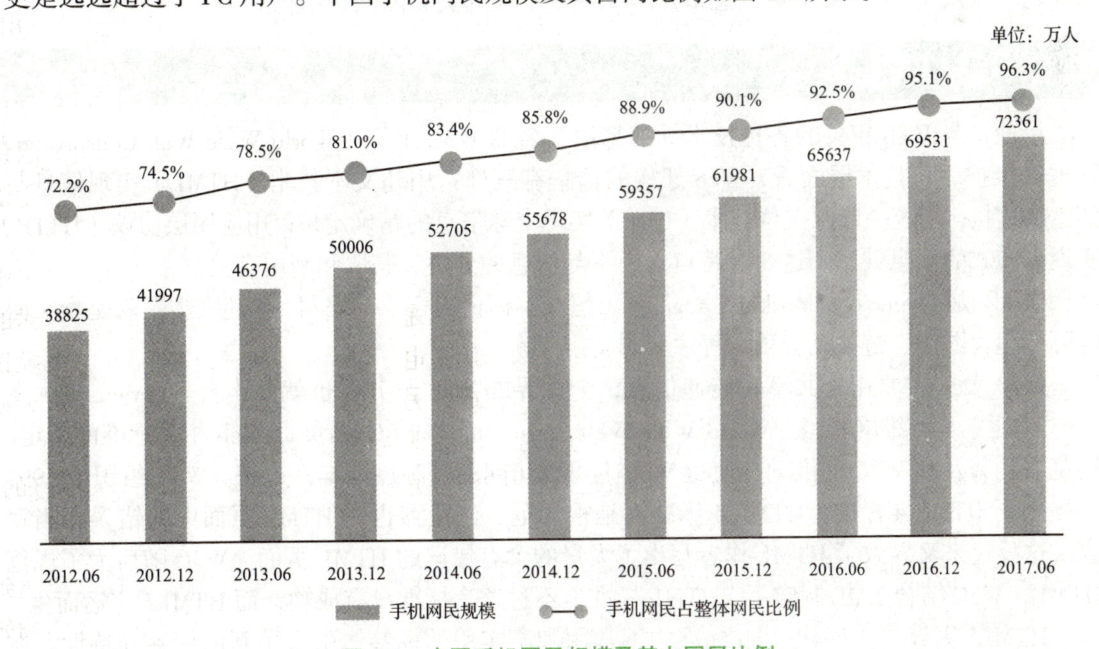

图 1.1　中国手机网民规模及其占网民比例

1.1.3 Web的发展历程

第一代互联网采用的标准是 Web 1.0，当时各个网站采用的手段和方法不同，但第一代互联网有诸多共同的特征，表现在技术创新主导模式、基于点击流量的盈利共通点、门户合流、明晰的主营兼营产业结构、动态网站。在 Web 1.0 上做出巨大贡献的公司有 Netscape、Yahoo 和 Google。

Web 2.0 是相对于 Web 1.0 的新时代，是指一个利用 Web 的平台，由用户主导而生成的内容互联网产品模式，为了区别传统由网站雇员主导生成的内容而定义为第二代互联网。Web 2.0 是信息技术发展引发网络革命所带来的面向未来、以人为本的创新 2.0 模式在互联网领域的典型体现，是由专业人员织网到所有用户参与织网的创新民主化进程的生动注释。

Web 3.0 的主要特征：Web 3.0 时代的网络访问速度会非常快；网站会更加开放，对外提供自己的 API 将会是网站的标准配置；Web 3.0 时代的信息关联通过语义来实现，信息的可搜索性将会达到一个新的高度。

从 Web 1.0 到 Web 2.0，再到 Web 3.0，是网络从无到有，再到扩及全球的发展，也是网络的使用从精英化、扁平化到全民化和平面立体化的变迁，更是网络的关涉面从人类生活的局部到全景式的人类生活场景的拓展。Web 3.0 时代，网络无处不在，人类无时不在网络，网络真正成为人类的生活空间。

1.2 储备移动Web知识

Web（World Wide Web）即全球广域网，也称为万维网，它是一种基于超文本和HTTP的、全球性的、动态交互的、跨平台的分布式图形信息系统。是建立在 Internet 上的一种网络服务，为浏览者在 Internet 上查找和浏览信息提供了图形化、易于访问的直观界面，其中的文档及超级链接将 Internet 上的信息节点组织成一个互为关联的网状结构。

1.2.1 HTML5

目前，与 Web 相关的各种技术标准都由著名的 W3C 组织（World Wide Web Consortium）管理和维护。从技术层面看，Web 架构的精华有三处：用超文本技术（HTML）实现信息与信息的连接；用统一资源定位技术（URL）实现全球信息的精确定位；用应用层协议（HTTP）实现分布式的信息共享。这 3 个特点无一不与信息的分发、获取和利用有关。

HTML 是 Hyper Text Markup Language（超文本标记语言）的缩写。“超文本”就是指页面内可以包含图片、链接、音乐、程序等非文字元素。

最早 Web 主要用来共享和传递信息，全世界的 Web 服务器也就几十台。Berners Lee 在 1993 年建立了万维网联盟（World Wide Web Consortium，W3C），负责 Web 相关标准的制定。浏览器的普及和 W3C 的推动，使得 Web 上可以访问的资源逐渐丰富起来。W3C 组织于 1997 年提出了 HTML 4 标准。HTML 4 标准不是很规范，浏览器也对 HTML 页面中的错误相当宽容。这反过来又导致了 HTML 作者写出了大量的含有错误的 HTML 页面。W3C 随后为了规范 HTML，W3C 结合 XML 制定了 XHTML 标准，不过这个标准没有成功，而 HTML5 应运而生。

HTML5 丢弃了上一代 Web 标准中不常用和不实用的标签，引入了新的标签和特性。在本地存储、页面元素、文档结构、地理位置信息、离线应用、图形支持、多线程和多媒体支持等方面都有较大的变化。表单方面强化了表单的验证功能，丰富了 input 元素的种类，更适合 Web 应用的开发。

1.2.2 CSS3

层叠样式表（Cascading Style Sheets，CSS）是一种用来表现 HTML（标准通用标记语言的一个应用）或 XML（标准通用标记语言的一个子集）等文件样式的计算机语言。CSS 不仅可以静态地修饰网页，还可以配合各种脚本语言动态地对网页各元素进行格式化。CSS 能够对网页中元素位置的排版进行像素级精确控制，支持几乎所有的字体字号样式，拥有对网页对象和模型样式编辑的能力。

CSS3 是最新的 CSS 标准。CSS3 的出现，让代码更简洁、页面结构更合理，性能和效果得到兼顾。CSS3 可以使用新的可用的选择器和属性，使用户更容易实现新的设计效果。

1.2.3 JavaScript

JavaScript 是一种基于对象和事件驱动并具有相对安全性的客户端脚本语言。同时也是一种广泛用于客户端 Web 开发的脚本语言，常用来给网页添加动态功能，如响应用户的各种操作。JavaScript 是一种基于对象的语言，它不仅可以创建对象，也能使用现有对象。它的变量类型是采用弱类型，并未使用严格的数据类型。JavaScript 是动态的，它可以直接对用户或客户输入做出响应，无须经过 Web 服务程序。它对用户的反映响应，是采用以事件驱动的方式进行的。JavaScript 是依赖于浏览器本身，与操作环境无关，只要能运行浏览器的计算机，并支持 JavaScript 的浏览器就可正确执行。JavaScript 是一种安全性语言，它不允许访问本地的硬盘，并不能将数据存入到服务器上，不允许对网络文档进行修改和删除，只能通过浏览器实现信息浏览或动态交互。从而有效地防止数据的丢失。

1.3 移动Web开发概述

2009 年，第一份 HTML5 草案正式发布，它的目标是取代 HTML4 及 XHTML 标准，使 Web 标准能够符合移动互联网的高速发展。HTML5 具有强大的语义标签，使得它非常适合在移动终端上进行网页的开发，可以减少页面体积节省用户流量，还可以有效提升加载速度。利用 HTML5 已经不仅可以网页开发，还可以游戏制作、桌面开发，称为富客户端技术。

PC 端和移动端网站的区别如下：

（1）PC 端在开发过程中考虑的是浏览器兼容性，移动端开发中不仅要考虑手机兼容性问题，还要考虑手机分辨率的自适应和不同手机操作系统的略微差异化。

（2）在部分事件的处理上，移动端自然是偏向于触屏的，另外包括移动端弹出的手机键盘该如何处理。

（3）布局上，移动端开发是要做到页面布局自适应的，而 PC 端页面布局的比例会相对固定。

（4）在动画效果处理上，PC 端要考虑 IE 的兼容性，通常用 JavaScript 做动画的通用性会好一些，但相比 CSS3 却牺牲了较大的性能。而在手机端，如果要做一些动画、特效等，第一选择肯定是 CSS3，因为它既简单，又高效。

1.3.1 Sublime开发工具的使用

Sublime Text 开发工具是由程序员 Jon Skinner 于 2008 年 1 月所开发出来。Sublime Text 具有漂亮的用户界面和强大的功能，如代码缩略图、Python 的插件、代码段等。还可自定义键绑定、菜单和工具栏。Sublime Text 的主要功能包括拼写检查、书签、完整的 Python API、Goto 功能、即时项目切换、多选择、多窗口等。Sublime Text 是一个跨平台的编辑器，同时支持 Windows、Linux、Mac OS X 等操作系统。安装好 Sublime Text 后，界面如图 1.2 所示。

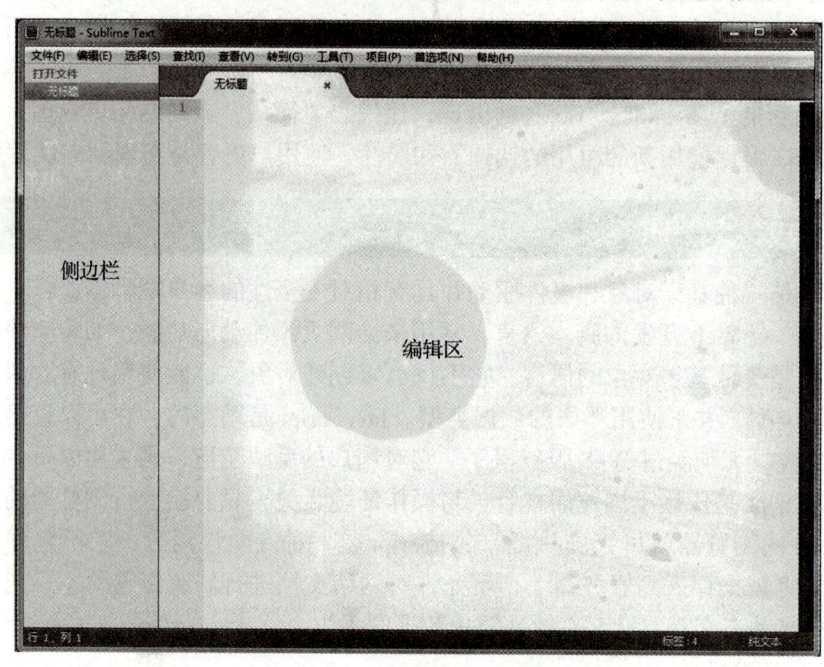

图 1.2　Sublime Text 界面

（1）“文件”菜单：包括对文件的基本操作命令，如新建、打开及保存文件。

（2）“编辑”菜单：包括对文件的编辑命令，如“行列”中的使用缩进、取消缩进、复制光标所在行等操作，这些功能为编辑代码提供很多便利。

（3）“选择”菜单：可以帮助用户选择代码，最常用的两个功能是“展开选定的行”和“展开选定的词”，可以将光标所在的行和单词进行选择，多次选择可以产生多个光标。

（4）“查找”菜单：包括查找和替换的功能。

（5）“查看”菜单：对 Sublime Text 编辑器本身界面的修改。

（6）“转到”菜单：可以在文件内部或者文件之间进行快速跳转。

（7）“首选项”菜单：可以对 Sublime Text 编辑器进行个性化定制。

1.3.2 创建第一个页面

1. 需求分析

孙悟空想要向全世界诉说自己的故事。他想告诉人们，我是齐天大圣孙悟空，我和猪八戒、沙僧、白龙马四人保护唐僧西天取经，沿途历经磨难，一路降妖伏魔，化险为夷，最后到达西天，取得真经。

2. 案例实现

（1）打开 Sublime Text 软件，执行“文件”→“新建”命令或使用 Ctrl+N 组合键，创建一个新的文件。

（2）单击界面右下角“纯文本”按钮，在弹出的下拉菜单中选择“HTML”选项，如图 1.3 所示。

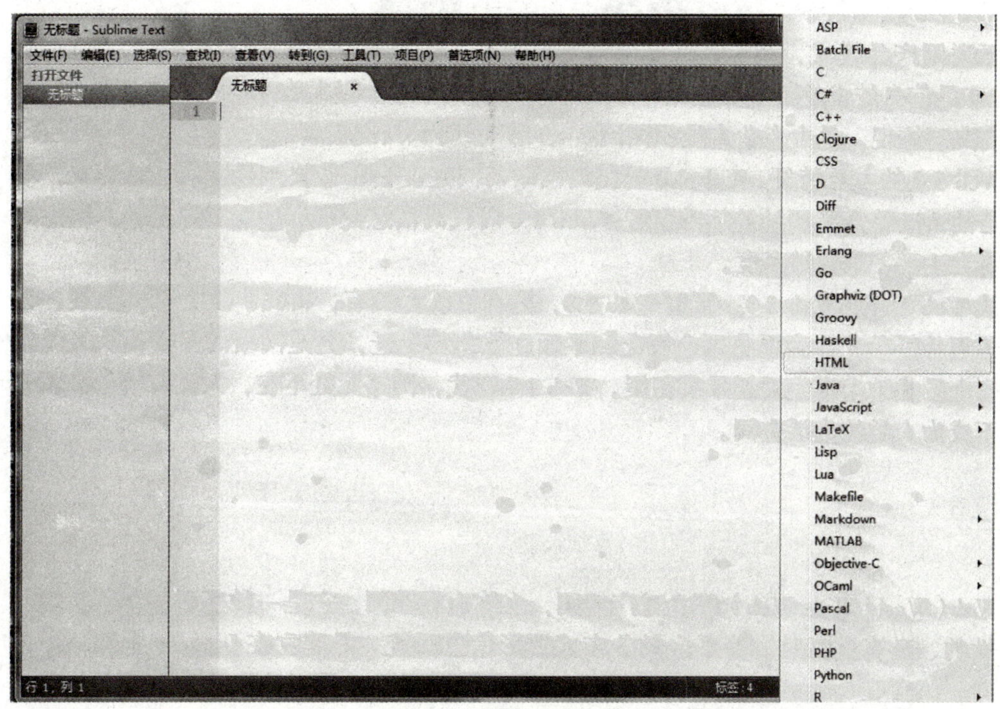

图 1.3　更改文件类型

（3）在英文输入法下输入感叹号“！”后按下 Tab 键即可生成文件模板，在 <title> 标签中输入网页的标题，在 <body> 标签中输入网页的内容，代码如下：

（4）执行“文件”→“保存”命令或使用 Ctrl+S 组合键保存，选择路径并输入文件名。保存成功后，即可查看效果。

```
<!DOCTYPE html>
<html lang="en">
<head>
    <meta charset="UTF-8">
    <title> 我的第一个网页 </title>
</head>
<body>
    我是齐天大圣孙悟空，我和猪八戒、沙僧、白龙马四人保护唐僧西天取经，沿途历经磨难，一路降妖伏魔，化险为夷，最后到达西天，取得真经。
</body>
</html>
```

1.3.3 案例练习

（1）安装配置 sublime。

（2）使用 Sublime 创建第一个网页。

（3）搜集制作网页的工具有哪些？

安装配置
SUBLIME

创建第一
个网页

第 2 章

开启 HTML 之旅

■【案例 1】HTML 文档结构

■【案例 2】深入了解“超文本”

■【案例 3】添加网页图像

■【案例 4】认识更多 HTML 标签

目前，各个主流浏览器厂商提供的浏览器版本，都已经完全或比较完全地支持 HTML5。HTML5 不仅是 HTML 的最新版本，通常还是指包括 HTML、CSS、JavaScript 在内的一套技术的整合。其中，HTML 是指超文本标记语言，它可以描述网页中的文本、图像、链接等信息，可以搭建出最原始的网站框架。本章将介绍网页的基本概念、HTML 的文档结构、网站组织结构，以及做任何网页都可能用到的标签元素。

本章重点 ⇨
1. 掌握网页的基本概念。
2. 了解网站组织结构。
3. 掌握 HTML 的文档结构。
4. 掌握 HTML 超链接的使用方法。
5. 掌握 HTML 的图像标签。
6. 掌握 HTML 的文本控制标签。
7. 掌握 HTML 的列表标签。

2.1 【案例1】HTML文档结构

2.1.1 案例分析——制作“西游首页”

1. 需求分析

《西游记》是中国古典长篇小说，四大名著中的一部，习近平总书记曾多次在国际论坛评论该小说，并向国际社会、外国知名人士做热情地推荐、介绍，这引起了国内外舆论的关注，也形成了一个共识:《西游记》是世界认识中国的一扇文学之窗，一个中国传统文化光彩耀眼的新标杆。在本案例中，将规划一个介绍西游记的网站，以此为例介绍 HTML 文档结构。效果如图 2.1 所示。

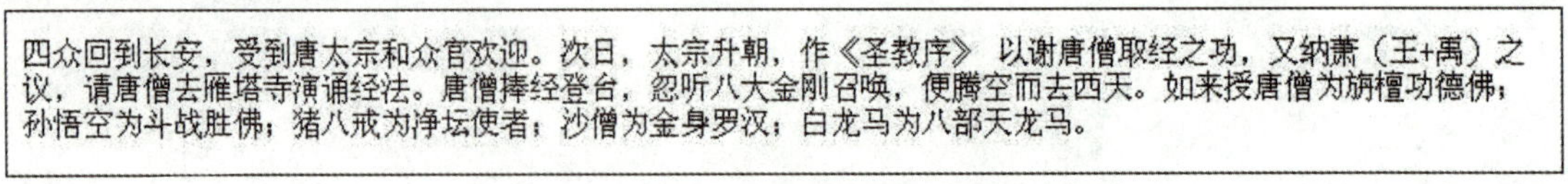

四众回到长安，受到唐太宗和众官欢迎。次日，太宗升朝，作《圣教序》 以谢唐僧取经之功，又纳萧（王+禹）之议，请唐僧去雁塔寺演诵经法。唐僧捧经登台，忽听八大金刚召唤，便腾空而去西天。如来授唐僧为旃檀功德佛；孙悟空为斗战胜佛；猪八戒为净坛使者；沙僧为金身罗汉；白龙马为八部天龙马。

图 2.1　西游首页

根据最终效果，对案例进行分析，通过以下两个方面实现。

（1）规划站点结构。为网站建立项目。

（2）HTML 部分。为 HTML 页面用到的元素进行设置。

2. 设计思路

（1）构建西游网站项目。

（2）创建“西游首页”文件。

（3）编写首页代码。

2.1.2　实现步骤

1. 新建“西游记”Web 项目

制作网站，首先要新建一个项目文件。

（1）新建文件夹“xyj”，作为项目的根目录文件夹。

（2）打开 Sublime 编辑器，选择“项目”→“添加文件夹到项目”选项，如图 2.2 所示。

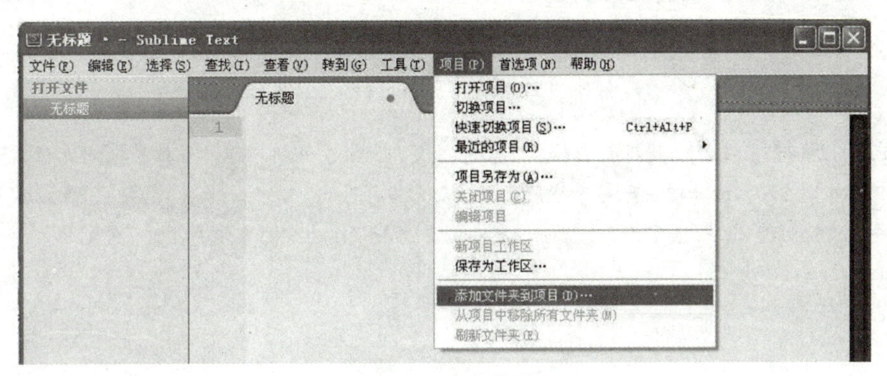

图 2.2　项目菜单

（3）根据向导选择硬盘上建立的文件夹“xyj”作为项目的根目录，单击“确定”按钮回到 Sublime 界面中，效果如图 2.3 所示。

图 2.3　新建项目

2. 新建“西游首页”文件

新建文件，另存为“index.html”，保存文件时，注意正确选择文件保存类型，如图 2.4 所示。

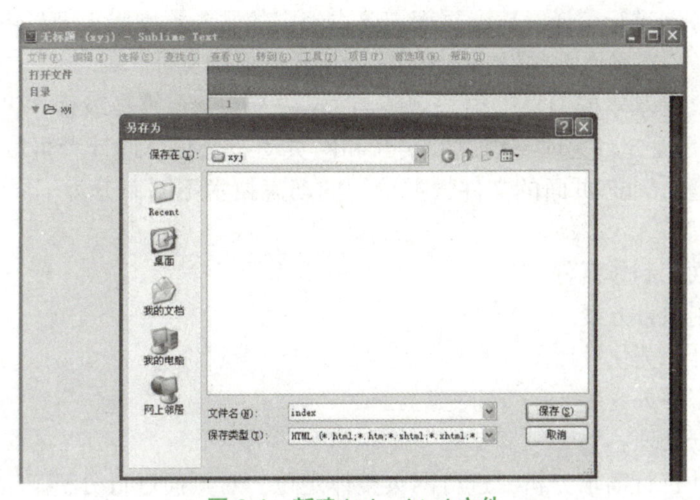

图 2.4　新建 index.html 文件

3. HTML 部分

编辑 index.html 文件，编写 HTML 文档的基本格式内容。代码如下：

```
<!DOCTYPE html>
<html lang="en">
<head>
    <meta charset="UTF-8">
    <title>大爱西游</title>
</head>
<body>
    <p>四众回到长安，受到唐太宗和众官欢迎。次日，太宗升朝，作《圣教序》以谢唐僧取经之功，又纳萧（王+禹）之议，请唐僧去雁塔寺演诵经法。唐僧捧经登台，忽听八大金刚召唤，便腾空而去西天。如来授唐僧为旃檀功德佛；孙悟空为斗战胜佛；猪八戒为净坛使者；沙僧为金身罗汉；白龙马为八部天龙马。</p>
</body>
</html>
```

2.1.3 知识点讲解——HTML文档结构

1. Web 页面

网页是网站中的一个页面，是构成网站的基本元素，是承载各种网站元素的平台。通俗地说，网站就是由网页组成的。Web 页面是一个按照 HTML 格式组织起来的文件。在通过万维网进行信息查询时，以信息页面的形式出现，它包括图形、文字、声音和视频等信息。

（1）Web 页面的构成元素。构成网页的元素有很多，如文本、图片、超链接、表格、表单等，其中文本与图片是最基本的两个。文本用来显示网页的内容，图片用来美化网页或展示某些信息。

（2）Web 页面的类型。网页有多种分类方式，传统意义上的分类是指静态页面和动态页面。

①静态页面：通过基本的 HTML 技术制作而成，网页代码都在页面中，用户在浏览的时候不需要通过服务器进行编译。静态页面需要占一定的服务器空间，而且不能自主管理更新已经发布的页面，静态页面都是以 .htm 或 .html 后缀结尾的文件。

②动态网页：是基本的 HTML 语法规范与 Java、VB、VC 等高级程序设计语言、数据库编程等多种技术的融合，实现与用户的交互和网页动态变化，设计者可以通过网站后台对网站进行更新管理。动态页面的文件根据使用的动态技术不同而分为不同的类型，如 CGI、ASP、PHP、JSP 等。

（3）Web 页面的制作流程。

①策划：策划项目方案。

②美工：设计、美化设计图。

③前端：静态网页。

④后台：数据处理。

首先，对页面进行需求分析，进行网页整体定位。对页面进行分析、定位，需要考虑页面主要的浏览对象、页面内容、页面类型等因素。

其次，网页布局规划，利用 HTML 和 CSS 技术制作页面内容及效果。这里需要用到网页开发的相关专业技术。

最后，对网页进行测试、优化。

2. 标签和属性

HTML 标签（markup）是 HTML 的基本单位，标签又称为标记，HTML 文档是通过标签来标记内容、说明语义的。每个标签都有一个关键字，由尖括号括起来，不同的关键字代表不同的意义，如 <body>、<head> 等。

标签一般分为两种：单标签和双标签。单标签一般用于声明或插入某个元素，如声明字符编码就用 <meta>、插入图片就用 <img>；双标签一般用于包围页面内容，如段落 <p> ... </p>。

标签可以设置属性，属性提供了有关 HTML 元素更多的信息。属性有属性名和属性值，属性值一般用单引号或双引号引起来。例如，超链接 <a> 中的 href 属性，该属性值可以设定链接到的目标地址。当然一个元素中可以设置多个属性，也可以设置自定义属性。

3. HTML5 基本结构解析

一个标准的 HTML 文件应该以 <html> 标签开始，中间包含 <head> 与 <body> 等元素，其中 <head> 是文档头部元素的容器，可以定义页面的标题、简介、编码格式等内容，<body> 是文档的主体，定义在浏览器中显示的页面正文。下面对本案例中的结构代码进行详细的解析。

```
<!DOCTYPE html>                         <!-- 文档类型声明 -->
<html lang="en">                        <!-- HTML 文档开始 -->
<head>                                  <!-- HTML 文档头部开始 -->
<meta charset="UTF-8">                  <!-- 声明字符编码 -->
<title> 大爱西游 </title>               <!-- 设置文档标题 -->
</head>                                 <!-- HTML 文档头部结束 -->
<body>                                  <!-- HTML 文档内容开始 -->
</body>                                 <!-- HTML 文档内容结束 -->
</html>                                 <!-- HTML 文档结束 -->
```

1）DOCTYPE 标签

文档类型声明（Document Type Declaration，Doctype），主要告诉浏览器所查看的文件类型。

```
<!DOCTYPE html>
```

注意： HTML 文档不区分大小写。但一般会将 DOCTYPE 大写，HTML 中其余标签小写。

2）html 标签

html 标签用来标识是文档的开始和结束，属性 lang 用来说明网页内容所采用的语言，这里的属性值“zh-cn”，表示文档采用语言为简体中文；lang 属性值“en”表示文档采用语言为英文。

```
<html lang="zh-cn">
</html>
```

3）head 标签

head 标签是文档结构中不可缺少的标签，用于定义文档的头部，描述文档的各种属性和信息，包括文档的标题 <title>、使用的脚本语言 <script>、网页样式 <style>、元数据 <meta> 等标签。

```
<head> ... </head>                    <!-- 这些信息在页面不可见 -->
```

4）meta 标签

meta 标签用来定义页面的元信息，可重复出现在 <head> 头标签中，meta 有两个重要的属性：name 和 http 标题信息（http-equiv），属性 content 与这两个属性组合使用。另外还有 charset 属性，说明页面编码方式。

举例：

```
<meta charset="utf-8">                               <!--声明文档使用的字符编码-->
<meta name="description" content="页面描述内容"> <!--定义页面描述内容-->
<meta name="keywords" content="关键字1，关键字2">
                                                     <!--定义页面搜索关键字-->
<meta name="author" content="作者" >               <!--定义页面作者-->
<meta http-equiv="refresh" content="2"；url=http://www.index.html/"
                         <!-- 2秒后刷新页面，并重新定向到URL指定的页面-->
```

注意： 在后面章节会讲到注释内容的表示方法：HTML 是 <!-- 注释 -->，CSS 样式是 /* 注释 */。

5）title 标签

title 标签用来定义页面的标题。它有 3 个作用：①定义浏览器工具栏中的标题；②提供页面被添加到收藏夹时显示的标题；③显示在搜索引擎结果中的页面标题。

```
<title> 页面标题 </title>
```

6）body 标签

body 标签用来定义文档的主体，是一个 HTML 中必须要有的部分。

```
<body>…</body>
```

2.1.4 案例练习

扫一扫：查看分析和解答

（1）使用 Sublime 工具新建项目 newproject，建立首页 index.html，并修改页面标题为“我的第一个页面”。

（2）观察淘宝等网站的关键字和描述是如何设置的。

2.2 【案例2】深入了解“超文本”

2.2.1 案例分析——链接“西游首页”

1. 需求分析

本案例中，将对“西游记”网站进行站点初始化设置，设计网站结构，并以“西游首页”为例，介绍超链接效果。

一个好的网站结构就如同一个人身体体质的好坏，好的网站结构更容易被搜寻引擎搜到，可以更快速地浏览更多页面，同时给浏览者更为合理、便捷的体验。页面链接效果如图 2.5 所示。

西游首页 阅读西游 西游人物 西游文学 西游影视 西游游戏 会谈西游

图 2.5　页面链接效果

根据案例要求，对案例进行分析，通过以下几个方面实现。

（1）站点初始化设置。

（2）组织网站结构。

（3）设置超链接效果。

2. 设计思路

（1）站点初始化设置，建立网站所需页面。

（2）设计“西游记”网站结构。

（3）利用 <a> 标签为“西游首页”添加超级链接。

2.2.2　实现步骤

1. 分析网站结构

网站“西游记”是为了全方位介绍古典名著《西游记》创建的站点，将会在故事人物、故事内容、影视作品、西游游戏、西游路线等方面进行介绍。下面逐一介绍本项目中各个页面的名称。

（1）index.html：“西游首页”页面。

（2）ydxy.html：“阅读西游”页面。

（3）xyrw.html：“西游人物”页面。

（4）xywx.html：“西游文学”页面。

（5）xyys.html：“西游影视”页面。

（6）xyyx.html：“西游游戏”页面

（7）htxy.html：“会谈西游”页面

（8）xyzc.html：“西游注册”页面。

（9）xydl.html：“西游登录”页面。

2. 组织网站结构

页面创建完成后，也就形成了网站的结构关系，如图 2.6 所示。

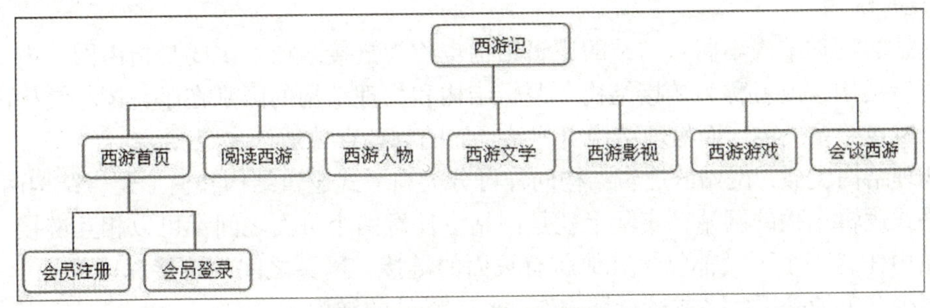

图 2.6　“西游记”网站结构

3. 链接

链接是指页面间的链接。编辑 index.html 文件，编写 HTML 文档与其他页面的超链接。代码如下：

```
<a href="index.html"> 西游首页 </a>
<a href="ydxy.html"> 阅读西游 </a>
<a href="xyrw.html"> 西游人物 </a>
<a href="xywx.html"> 西游文学 </a>
<a href="xyys.html"> 西游影视 </a>
<a href="xyyx.html"> 西游游戏 </a>
<a href="htxy.html"> 会谈西游 </a>
```

注意：页面链接文本的默认效果是：已经单击过的链接是紫色、下划线效果，未单击过的链接是蓝色、下划线效果。

2.2.3 知识点讲解——网站组织结构、超链接

1. 网站组织结构

一个网站包含若干网页，网页内容包括文本、图片、视频、Flash 文件等，浏览者通过浏览器将网页下载到客户本地缓存，然后通过浏览器解析源码，在浏览器窗口显示出用户可以正常阅读的图片和文字。组织网站的结构就是将这些页面合理地组织起来，使浏览者能够快捷方便地浏览网站。

1）物理结构

网站物理结构是指网站目录及所包含文件存储的真实位置而表现出来的结构，物理结构一般包含两种不同的表现形式：扁平式物理结构和树形物理结构。

对于小型网站来说，所有网页都存放在网站根目录下，这种结构就是扁平式物理结构。采用扁平式物理结构的网站对搜索引擎而言是最为理想的，因为只要一次访问即可遍历所有页面。但是，如果网站页面比较多，太多的网页文件都放在根目录下的话，查找、维护起来就显得相当麻烦，所以扁平式物理结构一般适用于只有少量页面的小型、微型站点。

对规模大一些的网站，往往需要二到三层甚至更多层级子目录才能保证网页的正常存储，这种多层级目录也称为树形物理结构，即根目录下再细分成多个子目录，然后在每一个子目录下面再存储属于这个目录的内容网页。采用树形物理结构的好处是易于维护，但是搜索引擎的抓取将会显得相对困难。互联网上的网站，因为内容普遍比较丰富，所以大多都是采用树形物理结构。

2）逻辑结构

与网站的物理结构不同，网站的逻辑结构也称为链接结构，主要是指由网页内部链接所形成的逻辑结构，或者称为链接结构。逻辑结构和物理结构的区别在于，逻辑结构由网站页面的相互链接关系决定，而物理结构由网站页面的物理存放地址决定。

与物理结构类似，网站的逻辑结构同样可分为扁平式逻辑结构和树形逻辑结构两种。

扁平式逻辑结构的网站，实际上就是网站中任意两个页面之间都可以相互链接，也就是说，网站中任意一个页面都包含其他所有页面的链接，网页之间的链接深度都是 1。实际网络中，很少有单纯采用扁平式逻辑结构作为整个网站的结构。

树形逻辑结构是指用分类、目录等页面，对同类属性的页面进行链接地址组织的网站结构。在树形逻辑结构网站中，链接深度大多都是大于 1 的。

2. 超链接

在 HTML 文件中，页面之间创建超链接的方法很简单，语法格式如下：

```
<a href=" 跳转目标 " target=" 目标窗口的弹出方式 "> 链接对象 </a>
```

其中，<a></a> 是超链接的标签，标签中间是链接对象，链接对象可以是文本、图片、视频、文件、应用程序等页面元素，这里边有 2 个超链接的基本属性。

（1）href 属性：负责指定新页面的地址，在书写代码中一般使用跳转目标的相对地址。

（2）target 属性：负责指定打开新页面的方式，4 种取值为：_self（自我覆盖，默认）、_blank（创建新窗口打开新页面）、_top（在浏览器的整个窗口打开，将会忽略所有的框架结构）、_parent（在上一级窗口打开）。

网页中的链接可以分为文本超链接、图像超链接、E-mail 链接、锚点链接、多媒体文件链接、空链接等。

1）文本超链接

例如，通过单击文字"西游人物"链接到"西游人物"页面，并创建新窗口打开该页。代码如下：

```
< a href="xyrw.html" target="_blank"> 西游人物 </a>
```

2）图像超链接

例如，通过单击图片 bannernr.jpg 跳转到 xyys.html 页面，代码如下：

```
<a href="xyys.html"><img src="img/bannernr.jpg"></a>
```

注意： 在制作网站过程中，页面链接路径、图片的路径经常使用相对路径，在 2.3 节中将会详细介绍。

3）E-mail 超链接

例如，与邮箱 webxyj@163.com 设置超链接，代码如下：

```
<a href="mailto:webxyj@163.com"> 联系作者 </a>
```

注意： 邮件地址必须完整。

4）锚点链接

如果一个页面内容较多、页面较长，浏览页面时，需要拖动滚动条进行浏览，在这种情况下，为了提高浏览效率，可以在一个页面内部使用锚点链接。

通过单击命名锚点，不仅能指向文档，还能指向页面里的特定段落，更能当作"精准链接"的便利工具。使用锚点链接，首先要创建命名锚记。这些标记通常放在文档的特定主题处或顶部，将光标定位到要建立锚点的位置，输入代码，例如：

```
<p id=" 锚点名称 ">
<p name=" 锚点名称 ">
```

其中，使用 id 属性和 name 属性定义锚点，同样有效。

注意： 锚记名称区分大小写。

例如，在 index.html 的顶端创建锚点，代码如下：

```
<a name="top" id="top"></a><a href="#"> 西游首页 </a>
```

定义了锚记后，就可以链接到命名的锚记了。选择要创建链接的文本或图像，如文本“返回顶端”。添加链接，在链接指定位置填写“# 锚记名称”，如“#top”，代码如下：

```
<a href="#top">返回顶端</a>
```

5）其他常用超链接举例

超链接还可以进一步扩展网页的功能，比较常用的有万维网页面、FTP 及 Telnet 连接，实现这些的功能只需要修改超链接中的 href 值。

例如，链接到万维网，语法格式如下：

```
<a href="万维网 URL">链接对象</a>
```

例如，链接到 FTP 服务器，语法格式如下：

```
<a href="ftp://服务器 IP 地址或域名">链接对象</a>
```

FTP 服务器链接和网页链接区别在于所用协议不同。FTP 需要从服务器管理员处获得登录的权限。不过部分 FTP 服务器可以匿名访问，从而能获得一些公开的文件。

注意： 链接 Telnet 协议的服务器也是采用类似方法，但是 Telnet 协议应用非常少，使用 HTTP 协议居多。

扫一扫：查看分析和解答（1）

2.2.4 案例练习

（1）设置“西游人物”页面与“西游记”网站中其他页面间的超链接。

（2）新建页面 case2-2.html，练习文字链接、图片链接。

扫一扫：查看分析和解答（2）

2.3 【案例3】添加网页图像

2.3.1 案例分析——“西游首页”添加图像

1. 需求分析

一个网站中，图像往往比文字更能吸引用户，人的视线似乎总在第一眼就定位在图像上。所以，在网页制作中，图像的设计占据重要的位置。在本案例中，将在“西游首页”页面中添加图像，效果如图 2.7 所示。

图 2.7 添加图像

根据最终效果，对案例进行分析，通过以下几个方面实现。

（1）选择图像。

（2）设置图像效果。

2. 设计思路

（1）选择、制作符合网站风格的图像。

（2）通过设置 <img> 标签的属性控制图像效果。

2.3.2　实现步骤

1. 选择图像

在 HTML 中，插入图像使用的是 <img> 标签。在 index.html 中插入图像 banner.jpg。代码如下：

```
<img src="img/banner.jpg">
```

效果如图 2.8 所示。

图 2.8 插入图像

2. 控制图像

控制图像显示效果，要求：图像宽度 700px，高度 200px，居中显示在页面中，设置图像边框 1px，图像替代文本“西游 logo”。代码如下：

```
<img src="img/banner.jpg" width="700" height="200" align="center"
border="1" alt="西游 logo">
```

2.3.3　知识点讲解——<img>标签

1. 常用图像格式

在网站设计中，常用的图片格式有 3 种：JPEG、GIF、PNG。

1）JPEG 格式

JPEG（Joint Photographic Experts Group）是联合图像专家小组的编写，实际代指“ISO 10918—1”标准，由于该标准的广泛运用，JPEG 被认定为图片格式。

JPEG 文件后缀名为“.jpg”或“.jpeg”，是最常用的图像文件格式，是一种有损压缩格式，压缩技术十分先进，能够将图像压缩在很小的储存空间，容易造成图像数据的损伤，尤其是使用过高的压缩比例，将使最终解压缩后恢复的图像质量明显降低，如果追求高品质图像，不宜采用过高压缩比例，JPEG 不支持透明度。

JPEG 的应用也非常广泛，特别是在网络和光盘读物上，目前各类浏览器均支持 JPEG 这种图像格式，因为 JPEG 格式的文件尺寸较小，下载速度快，使得 Web 页面能以较短的下载时间提供大量美观的图像，JPEG 同时也就顺理成章地成为网络上最受欢迎的图像格式，常用于照片、广告、插图等。

2）GIF 格式

GIF（Graphics Interchange Format）的原义是“图像互换格式”，是 CompuServe 公司在 1987 年开发的图像文件格式。GIF 文件的数据，是一种基于 LZW 算法的连续色调的无损压缩格式，其压缩率一般在 50% 左右，它不属于任何应用程序。GIF 是一种调色板型的图像格式，含有多达 256 种的颜色，每一个像素点都有一个对应的颜色值，它是一种无损压缩的格式。GIF 格式可以存多幅彩色图像，体积小、成像相对清晰，如果把存于一个文件中的多幅图像数据逐幅读出并显示到屏幕上，就可构成一种最简单的动画。

3）PNG 格式

PNG 便携式网络图形（Portable Network Graphics）是一种无损压缩的位图图片格式 。其设计目的是试图替代 GIF 和 TIFF 文件格式，同时增加一些 GIF 文件格式所不具备的特性。PNG 的名称来源于“可移植网络图形格式（Portable Network Graphic Format，PNG）”，也有一个非官方解释“PNG’s Not GIF”。PNG 使用从 LZ77 派生的无损数据压缩算法，一般应用于 Java 程序、网页或 S60 程序中，原因是它压缩率高，生成文件体积小，并且支持透明度 alpha。

2. 图像标签

<img> 标签中的 img 其实就是英文 image 的缩写，<img> 标签的作用就是告诉浏览器需要显示一张图片。在 HTML 中，<img> 标签没有结束标签。

语法格式如下：

```
<img src="图像url">
```

例如：

```
<img src="images/banner.jpg" alt="横幅">
```

3. 相对路径和绝对路径

相对路径就是指由这个文件所在的路径引起的与其他文件（或文件夹）的路径关系，通常以 HTML 网页文件为起点，通过层级关系描述目标图像的位置。使用相对路径可以为我们带来非常多的便利。

绝对路径指带盘符的文件的完整路径。

例如，硬盘中 E 盘有文件结构如图 2.9 所示。

图像 banner.jpg 相对于页面 index.html 的相对路径是 img/banner.jpg，绝对路径是 E:\xyj\img\banner.jpg。

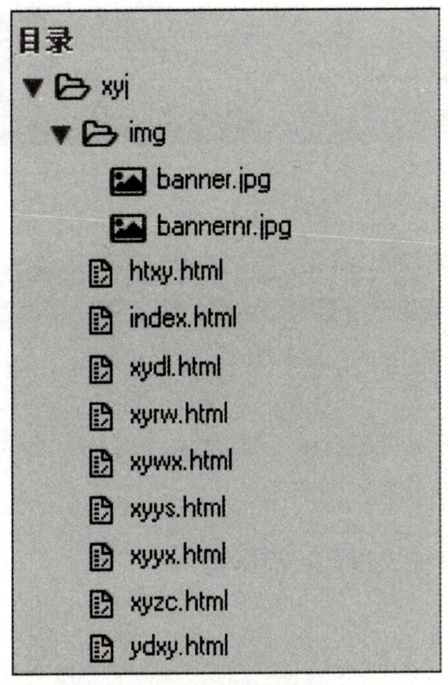

图 2.9　文件结构

2.3.4　案例练习

（1）编辑 xynr.html 页面，插入图像并进行控制（设置图像的高度、宽度、边框、对齐等属性）。

（2）假设项目网站 myweb 的路径 "E:\myweb"，页面 index.html 存储在此目录下，图片 pic.jpg 的存储位置 "E:\myweb\img\pic.jpg"，那么，图片的绝对路径是什么？图片相对于 index.html 文件的路径是什么？

扫一扫：查看分析和解答（1）

扫一扫：查看分析和解答（2）

2.4　【案例4】认识更多HTML标签

2.4.1　案例分析——制作"西游文学"

1. 需求分析

本案例中，将会制作"西游文学"页面，以此为例，介绍 HTML 常用标签。效果如图 2.10 所示。

根据最终效果，对案例进行分析，通过以下几个方面实现：

（1）设计页面结构。

（2）制作页面图片素材。

（3）编写代码。

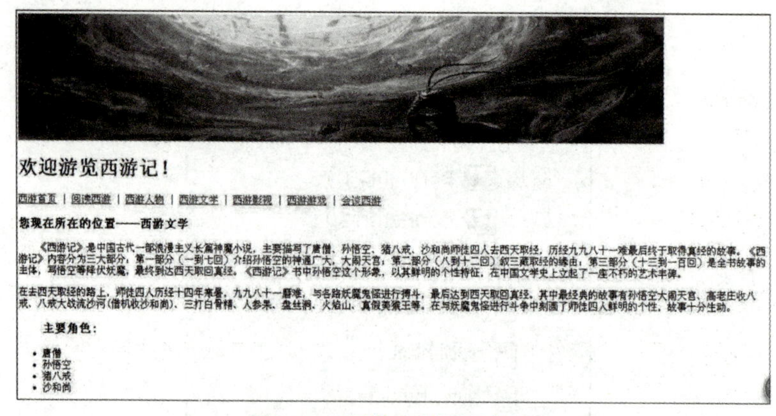

图 2.10　西游文学页面效果

2. 设计思路

（1）打开“xywx.html”页面，设计页面结构。

（2）制作页面图片素材。

（3）编写页面代码。

2.4.2　实现步骤

1. 设计页面结构

制作网页之前，首先要对页面进行布局规划，合理安排页面内容，最常用的页面布局方法是使用盒子模型进行设计，这部分内容将在第 4 章进行详细介绍。在本案例中，将页面设计成为基本的一列布局，效果如图 2.11 所示。

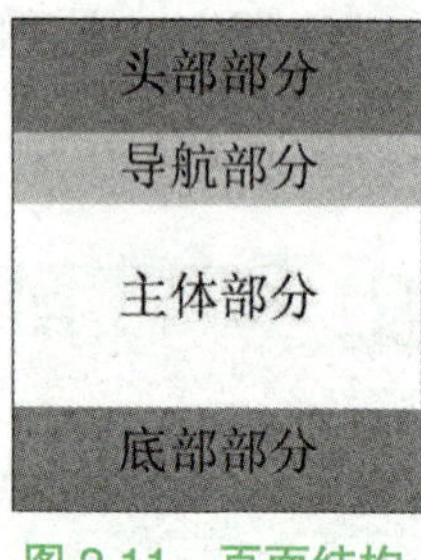

图 2.11　页面结构

2. 制作页面图片素材

一个完整的页面要图文并茂，页面中合理的图片素材可以通过绘图工具进行绘制，也可以进行实地拍摄等方法得到。

3. 代码部分

编辑 xywx.html 文件，代码如下：

```
<!DOCTYPE html>
<html lang="en">
<head>
   <meta charset="UTF-8">
   <title> 西游文学 </title>
```

```
    </head>
    <body>
    <!--Banner 部分 -->
        <img src="img/bannernr.jpg" width="1050px" height="200px">
        <h1> 欢迎游览西游记！ </h1>
    <!-- 导航部分 -->
        <p><a href="index.html"> 西游首页 </a>  |  <a href="ydxy.html"> 阅读西游 </
a>  |  <a href="xyrw.html"> 西游人物 </a>  |  <a href="xywx.html"> 西游文学 </a>
|  <a href="xyys.html"> 西游影视 </a>  |  <a href="xyyx.html"> 西游游戏 </a>  |
<a href="htxy.html"> 会谈西游 </a></p>
        <h3> 您现在所在的位置——西游文学 </h3>
    <!-- 主体部分 -->
        <p>    《西游记》是中国古代一部浪漫主义长篇神魔小说，主要描
写了唐僧、孙悟空、猪八戒、沙和尚师徒四人去西天取经，历经九九八十一难最后终于取得真经的故事。
《西游记》内容分为三大部分：第一部分（一到七回）介绍孙悟空的神通广大，大闹天宫；第二部分（八到
十二回）叙三藏取经的缘由；第三部分（十三到一百回）是全书故事的主体，写悟空等降伏妖魔，最终到
达西天取回真经。《西游记》书中孙悟空这个形象，以其鲜明的个性特征，在中国文学史上立起了一座不
朽的艺术丰碑。</p>
        <p> 在去西天取经的路上，师徒四人历经十四年寒暑，九九八十一磨难，与各路妖魔鬼怪进行搏
斗，最后达到西天取回真经。其中最经典的故事有孙悟空大闹天宫、高老庄收八戒、八戒大战流沙河（借
机收沙和尚）、三打白骨精、人参果、盘丝洞、火焰山、真假美猴王等。在与妖魔鬼怪进行斗争中刻画了
师徒四人鲜明的个性，故事十分生动。</p>
        <ul>
          <h3> 主要角色 :</h3>
           <li> 唐僧 </li>
           <li> 孙悟空 </li>
           <li> 猪八戒 </li>
           <li> 沙和尚 </li>
        </ul>
    </body>
    </html>
```

2.4.3 知识点讲解——格式化标签与列表

1. 文本控制标签

文字在页面制作中占据重要位置，在 HTML 中，我们会用到一系列的文本控制标签。

1）标题标签

HTML 提供了 6 个标题标签，分别是 <h1>、<h2>、<h3>、<h4>、<h5>、<h6>。其中，<h1> 定义一级标题、<h2> 定义二级标题，以此类推。其基本语法格式如下：

```
<hn> 标题内容 </hn>
```

其中，n=1/2/3/4/5/6，标识标题类型，例如：

```
<h1> 标题 1</h1>
<h2 align="left"> 标题 2</h2>
<h3 align="center"> 标题 3</h3>
<h4 align="right"> 标题 4</h4>
<h5> 标题 5</h5>
<h6> 标题 6</h6>
```

2）段落标签

段落标签标记的是一个段落，其基本语法格式如下：

```
<p align=" 对齐方式 "> 段落内容 </p>
```

段落常用的对齐方式有 3 种：left（左对齐、默认方式）、right（右对齐）、center（居中对齐）。例如：

```
<p align="left"> 这部小说以“唐僧取经”这一历史事件为蓝本，通过作者的艺术加工，深刻地描绘了当时的社会现实。全书主要描写了孙悟空出世及大闹天宫后，遇见了唐僧、猪八戒和沙僧三人，西行取经，一路降妖伏魔，经历了九九八十一难，终于到达西天见到如来佛祖，最终五圣成真的故事（段落内容左对齐方式）。</p>
```

3）水平线标签

水平线标签 <hr> 在浏览器上显示为一条水平线，常常作为标题、段落之间的分割线，在视觉上将页面分割开来。其基本语法格式如下：

```
<hr 属性 =" 属性值 "/>
```

常用的属性值有 align（对齐方式）、color（颜色）、size（高度）、width（宽度）。例如：

```
<hr align="left" size="2" width="50%"/>
<hr color="red"/>
```

2. 列表标签

为了使网页内容排列有序，引入了列表标签。常用的列表标签有三类：定义列表、有序列表、无序列表。

定义列表，<dl> 标签，项目及其注释的结合，其基本语法格式如下：

```
<dl>
  <dt> 项目 1</dt>
      <dd> 项目 1 注释 </dd>
    <dt> 项目 2</dt>
      <dd> 项目 2 注释 </dd>
</dl>
```

注意：dl 下面可以嵌套 dt、dd 两个标签，可以省略 dt，但不建议省略。

有序列表，<ol> 标签，其基本语法格式如下：

```
<ol>
   <li>1</li>
   <li>2</li>
   <li>3</li>
```

```
</ol>
```

无序列表，<ul> 标签，其基本语法格式如下：

```
<ul>
   <li>1</li>
   <li>2</li>
   <li>3</li>
</ul>
```

注意：有序列表、无序列表都需要配合 <li></li> 标签进行使用，<li></li> 标签用来定义列表的项目，每一对列表标签中至少要嵌套一对 <li> 标签。

举例练习列表标签，代码如下：

```
<ul type="circle">
   <li> 无序列表 1</li>
   <li type="square"> 无序列表 2</li>
   <li> 无序列表 3</li>
</ul>
<ol>
   <li> 有序列表默认样式 1</li>
   <li type="a"> 有序列表样式 2</li>
   <li type="I"> 有序列表样式 3</li>
</ol>
<ol type="A">
   <li> 有序列样式 1</li>
   <li> 有序列样式 2</li>
   <li> 有序列样式 3</li>
</ol>
<dl>
<dt> 孙悟空生平：</dt>
   <dd> 孙悟空，又名美猴王……</dd>
<dt> 孙悟空生平：</dt>
   <dd> 孙悟空，又名美猴王……</dd>
<dt> 孙悟空生平：</dt>
   <dd> 孙悟空，又名美猴王……</dd>
</dl>
```

列表项目显示种类和项目符号是可以灵活运用的，相互之间也可以嵌套，大家要多加练习。

3. 引用外部文件标签

引用外部文件标签用于定义文档与外部资源的关系，最常见的用途是链接样式表，一个页面可以链接多个外部文件。其基本语法格式如下：

```
<link 属性 =" 属性值 "/>
```

<link> 标签常用属性如表 2.4 所示。

例如，在页面中链接外部样式表文件 css.css，代码如下：

```
<head>
   <link rel="stylesheet" type="text/css" href="css.css"/>
</head>
```

4. 注释标签

注释标签是 HTML 标签中比较特殊的一种标签，在标签内的注释语句对代码有解释说明的作用，但不会显示在浏览器上。其基本语法格式如下：

```
<!-- 注释语句 -->
```

例如，在本节案例代码中的注释语句如下：

```
<!--Banner 部分 -->
    <img src="img/bannernr.jpg" width="1050px" height="200px">
    <h1> 欢迎游览西游记！ </h1>
<!-- 导航部分 -->
    <p><a href="#"> 西游首页 </a> | <a href="#"> 西游人物 </a> | <a href="#"> 西游内容 </a> | <a href="#"> 衍生电影 </a> | <a href="#"> 西游时间表 </a>| <a href="#"> 西游路线 </a></p>
    <h3> 您现在所在的位置——西游内容 </h3>
<!-- 主体部分 -->
```

其中的注释语句是：

```
<!--Banner 部分 -->


<!-- 导航部分 -->


<!-- 主体部分 -->
```

“Banner 部分”“导航部分”“主体部分”在页面浏览时，不会出现在浏览器中，但对代码的可读性可以起到明显的辨识作用。

2.4.4 案例练习

（1）格式化“西游人物”页面（xyrw.html），要求用到列表的嵌套。

（2）新建页面 case 2–4.html，设计文本元素的效果为宋体、5 号、加粗。

（3）继续编辑 case 2–4.html，设计图片原色的效果为高度 300px、宽度 400px。

（4）继续编辑 case 2–4.html，要求在文本和图片之间加入水平线，效果为红色、左对齐。

扫一扫：查看分析和解答（1）

扫一扫：查看分析和解答（2）

扫一扫：查看分析和解答（3）

扫一扫：查看分析和解答（4）

第3章

学习CSS样式

■【案例5】美化“西游人物”页面

■【案例6】CSS选择器

■【案例7】精华：继承和层叠

■【案例8】文字修饰与超链接

CSS层叠样式表用来美化网页元素、格式化页面。CSS样式的使用，不但可以使页面整齐，网站风格协调划一，而且可以大大减少网站的后期维护工作量。本章将对CSS样式、选择器、继承性、层叠性、CSS引入方式及优先级等知识进行详细介绍。

本章重点 ➩ 1. 掌握CSS语法规则。
2. 掌握CSS选择器。
3. 熟悉CSS的文本、列表、图像、超链接的控制方法。
4. 理解CSS的继承性和层叠性。
5. 掌握CSS四种引入方式。
6. 理解CSS优先级。

3.1 【案例5】美化“西游人物”页面

3.1.1 案例分析——“西游人物”页面

1. 需求分析

CSS是Cascading Style Sheets（层叠样式表单）的缩写，是一种用来表现HTML或XML等文件样式的计算机语言。本案例中，将会制作“西游人物”页面，以此为例，来整体感知CSS。西游人物页面效果如图3.1所示。

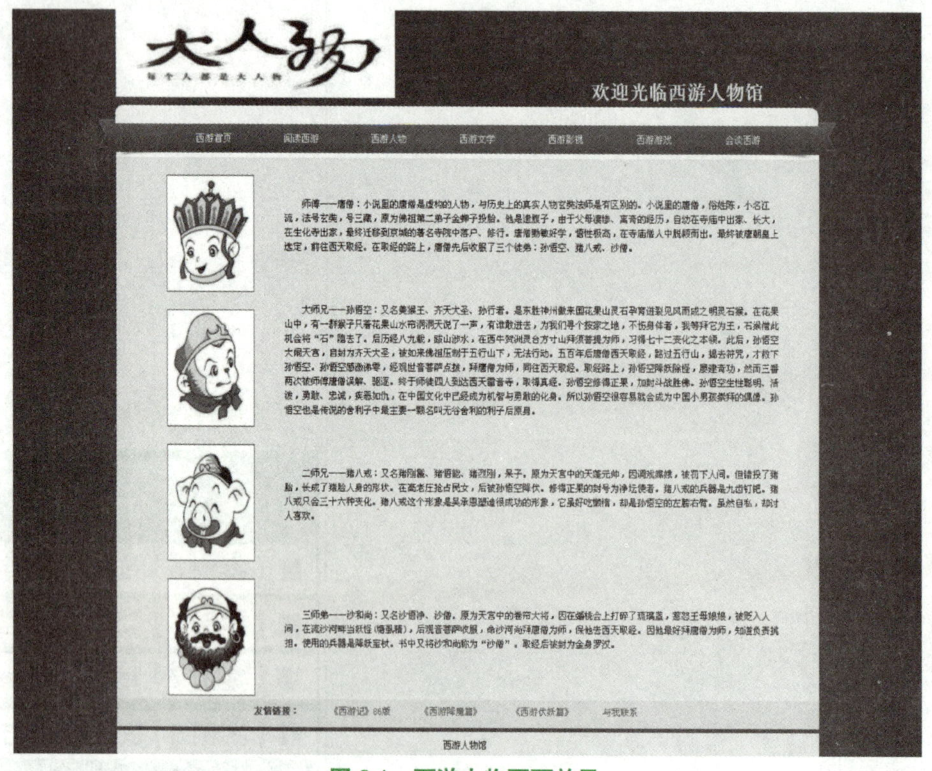

图3.1　西游人物页面效果

根据最终效果，对案例进行分析，通过以下几个方面实现。

（1）HTML 部分。应用页面标签设计页面。

（2）CSS 部分。为 HTML 用到的元素进行样式设置。

2. 设计思路

（1）构思页面结构。

（2）准备素材。

（3）HTML 部分。为页面编写 HTML 内容。

（4）利用 CSS 美化页面。

3.1.2 实现步骤

1. 构思页面结构

制作页面，首先是设计其结构，在本案例中采用 <div> 标签将页面分隔为 5 个部分，代码如下：

```
<!DOCTYPE html>
<html lang="en">
<head>
    <meta charset="UTF-8">
    <title> 西游人物 </title>
</head>
<body>
    <div class="banner"></div>
    <div class="nav"></div>
    <div class="content"></div>
    <div class="link"></div>
    <div class="footer"></div>
</body>
</html>
```

其中，banner 部分设计该页面的 LOGO，放置在页面最上端；nav 部分设计该页面的导航；content 部分设计该页面的详细内容；link 部分设计该页面的友情链接；footer 部分设计该页面的说明信息，放置在页面最底端。

2. 准备素材

制作或查找页面所需图片和文字等资料。

3.HTML 部分

编辑 xyrw.html 文件，代码如下：

```
<!DOCTYPE html>
<html lang="en">
<head>
<meta charset="UTF-8">
```

```
<title> 西游人物 </title>
</head>
<body>
<div class="banner">
   <img src="img/logo.jpg" alt="logo" width="385" height="110" />
   <span> 欢迎光临西游人物馆 </span></div>
   <div class="nav">
      <ul>
         <li><a href="#"> 西游首页 </a></li>
         <li><a href="#"> 阅读西游 </a></li>
         <li><a href="#"> 西游人物 </a></li>
         <li><a href="#"> 西游文学 </a></li>
         <li><a href="#"> 西游影视 </a></li>
         <li><a href="#"> 西游游戏 </a></li>
         <li><a href="#"> 会谈西游 </a></li>
     </ul>
   </div>
<div class="content">
   <div class="content_main">
     <table>
         <tr>
           <td><img src="img/tseng.jpg" height="150" width="150"></td>
           <td> 师傅——唐僧：小说里的唐僧是虚构的人物，与历史上的真实人物玄奘法师是有区别的。小说里的唐僧，俗姓陈，小名江流，法号玄奘，号三藏，原为佛祖第二弟子金蝉子投胎。他是遗腹子，由于父母凄惨、离奇的经历，自幼在寺庙中出家、长大，在生化寺出家，最终迁移到京城的著名寺院中落户、修行。唐僧勤敏好学，悟性极高，在寺庙僧人中脱颖而出。最终被唐朝皇上选定，前往西天取经。在取经的路上，唐僧先后收服了三个徒弟：孙悟空、猪八戒、沙僧。 </td>
         </tr>
         <tr>
           <td><img src="img/wkong.jpg" height="150" width="150"></td>
           <td> 大师兄——孙悟空：又名美猴王、齐天大圣、孙行者。是东胜神洲傲来国花果山灵石孕育迸裂见风而成之明灵石猴。在花果山中，有一群猴子只着花果山水帘洞洞天说了一声，有谁敢进去，为我们寻个安家之地，不伤身体者，我等拜它为王，石猴借此机会将“石”隐去了。后历经八九载，跋山涉水，在西牛贺洲灵台方寸山拜须菩提为师，习得七十二变化之本领。此后，孙悟空大闹天宫，自封为齐天大圣，被如来佛祖压制于五行山下，无法行动。五百年后唐僧西天取经，路过五行山，揭去符咒，才救下孙悟空。孙悟空感激涕零，经观世音菩萨点拨，拜唐僧为师，同往西天取经。取经路上，孙悟空降妖除怪，屡建奇功，然而三番两次被师傅唐僧误解、驱逐。终于师徒四人到达西天雷音寺，取得真经。孙悟空修得正果，加封斗战胜佛。孙悟空生性聪明、活泼，勇敢、忠诚，疾恶如仇，在中国文化中已经成为机智与勇敢的化身。所以孙悟空很容易就会成为中国小男孩崇拜的偶像。孙悟空也是传说的舍利子中最主要一颗名叫无谷舍利的利子后原身。 </td>
```

```
            </tr>
            <tr>
                <td><img src="img/bajie.jpg" height="150" width="150"></td>
                <td>二师兄——猪八戒：又名猪刚鬣、猪悟能、猪烈刚，呆子。原为天宫中的天蓬元帅，因调戏嫦娥，被罚下人间。但错投了猪胎，长成了猪脸人身的形状。在高老庄抢占民女，后被孙悟空降伏。修得正果的封号为净坛使者。猪八戒的兵器是九齿钉耙。猪八戒只会三十六种变化。猪八戒这个形象是吴承恩塑造很成功的形象，它虽好吃懒惰，却是孙悟空的左膀右臂。虽然自私，却讨人喜欢。</td>
            </tr>
            <tr>
                <td><img src="img/sseng.jpg" height="150" width="150"></td>
                <td>三师弟——沙和尚：又名沙悟净、沙僧。原为天宫中的卷帘大将，因在蟠桃会上打碎了琉璃盏，惹怒王母娘娘，被贬入人间，在流沙河畔当妖怪（塘虱精），后观音菩萨收服，命沙河尚拜唐僧为师，保他去西天取经。因他最好拜唐僧为师，知道负责挑担。使用的兵器是降妖宝杖。书中又将沙和尚称为“沙僧”。取经后被封为金身罗汉。</td>
            </tr>
        </table>
    </div>
</div>
<div class="link">
  <ul>
    <li><span>友情链接:</span></li>
      <li><a href="#">《西游记》86版</a></li>
    <li><a href="#">《西游降魔篇》</a></li>
    <li><a href="#">《西游伏妖篇》</a></li>
    <li><a href="#">与我联系</a></li>
  </ul>
</div>
<div class="footer">
  <p>西游人物馆</p>
</div>
</body>
</html>
```

4. CSS部分

美化页面，继续编辑xyrw.html文件，在本案例中，将CSS代码嵌套在<head></head>中，代码如下：

```
<style type="text/css">
*{margin:0px auto; padding:0px; border:0; font-size:12px;font-family:"宋体";}
body{background-color:#580000;}
```

```
.banner{width: 960px; height: 120px;}
.banner span{color: #fff7b3;font-size: 25px;     font-weight: bold;
  margin-left: 260px;}
.nav{width:1007px; height:65px; background:url(img/dh.jpg) no-repeat top
center;clear:both;margin:0 auto;}
.nav ul{height:35px;padding-top:30px; margin-left:80px;}
.nav ul li{list-style-type:none; float:left;width:80px;margin-left:40px;
text-align:center; font-family:"黑体";font-size:14px;line-height:22px;}
.nav li a{color:#fff7b3;text-decoration:none; display:block;}
.nav li a:hover{ color:#8b1f1c; background-image:url(img/nav_bj.gif);
background-repeat:no-repeat; line-height:24px;}
.content{width: 960px;height: 680px; background-color:#f7efca;}
.content_main{width: 900px;height: 680px;  margin:auto;}
.content_main img{width:118px;height:145px; border:1px solid #7b0002;
  margin:20px 0px 0px 20px;  float:left;}
.content_main td{padding-left: 20px;padding-right:20px;
  line-height:18px; text-indent:2em;}
.link{width:960px;height:35px;background-color:#f6e1b6;margin:0 auto;}
.link ul{ margin-left:150px; width:680px;}
.link li{ float:left;list-style:none;margin-left:40px; line-height:30px;
color:#7b0000; font-size:12px;}
.link span{font-weight:bold;}
.link a:link,.link a:visited{color:#580c00;text-decoration:none;}
.link ul li a:hover,.link a:active{color:#9e3423;text-decoration:none;}
.footer{width: 960px;height: 30px; background-color:#f7efca;}
.footer p{text-align: center;margin-top: 5px; padding-top: 10px;}
</style>
```

保存文件，在浏览器中浏览，可以得到图 3.1 的最终效果，实现美化页面的目的。

3.1.3 知识点讲解——整体感知CSS

相对于传统 HTML 的表现而言，CSS 能够对网页中对象的位置排版进行像素级的精确控制，支持几乎所有的字体字号样式，拥有对网页对象和模型样式编辑的能力，并能够进行初步交互设计，是目前基于文本展示最优秀的表现设计语言。CSS 能够根据不同使用者的理解能力，简化或优化写法。

1. 感知 CSS

请看下面的代码：

```
<style type="text/css">
</style>
```

这里用到了 <style> 标签，<style> 标签就是“样式”的意思，嵌套在 <head></head> 里面。CSS 也可以写在单独的文件里面，type 表示“类型”，text 就是“纯文本”。CSS 也是纯文本的。

主要是通过定义选择器定义页面元素的样式，在定义选择器的时候语法格式如下：

```
选择器{属性：属性值1；属性2：属性值2；…；属性n：属性值n；}
```

2. CSS控制页面方法

1）行内样式

行内样式是最为简单的CSS使用方法，只需要在页面元素中加入一个style属性，同时输入style规则作为属性值。例如：

```
<p style="font-size: 5px; color: red;">段落内容1</p>
<p style="font-size: 15px; border:solid 1px;">段落内容2</p>
```

其中，2个<p>标签分别用各自的style属性设计了不同的CSS样式值，互不影响。

使用行内样式，需要为每一个待设置样式的标签编写style属性，容易使得文件偏大，维护工作量变多，也不利于样式效果的统一，因此并不推荐经常使用该样式。

2）内嵌式

内嵌式CSS样式需要用<style></style>标签进行声明，嵌套在<head></head>里面。例如：

```
<style type="text/css">
p{font-size: 15px; margin-left: 30px;}
.css1{font-size: 20px; text-align: left;  font-weight: bold;}
#css2{font-size: 25px; letter-spacing: 2em; }
</style>
```

在本例中，定义了3个选择器：标签选择器p，类选择器css1，id选择器css2。

CSS基础选择器和高级选择器都可以应用在内嵌样式中，使用内嵌样式，CSS代码集中到了一个区域，它是HTML文档的一部分，整个页面以一个文件的方式存在，方便了后期维护，但是每次用户访问网页时style文件都需要重新下载，会对页面浏览速度有一定影响，所以内嵌样式经常被用在网站中需要特殊效果的页面上。

3）链接式

链接式CSS样式是在HTML文档中加载CSS规则的最常用的方法。它将HTML文件中的CSS样式分离出来，保存到.css层叠样式表文件中，形成两个或多个文件，实现了将HTML页面文件和CSS样式美工的分隔，大大提高了网站制作和维护的工作效率。CSS文件常存储于Server端，当用户第一次访问网站时，浏览器下载当前页面及链接的CSS文件。当导航到另一网页时，浏览器只需要下载HTML页面，CSS文件因已被缓存故无须再次下载，这可以显著提升网页浏览速度。

一个HTML文件可以链接多个CSS文件，一个CSS文件也可以被多个HTML文件调用。链接代码如下：

```
<link rel="stylesheet" type="text/css" href="css.css">
```

4）导入样式

导入样式表的原理和链接样式表类似，都是将HTML代码和CSS代码分开成为两个或多个文件，在使用引用样式表的时候，需要采用import方式导入，写在HTML文件的<style></style>标签之间（此处用法类似内嵌式）。例如：

扫一扫：查看分析和解答（1）

扫一扫：查看分析和解答（2）

扫一扫：查看分析和解答（3）

```
<style type="text/css">
@import url(css/1.css);
</style>
```

类似链接式样式表的使用方法，一个 HTML 页面可以导入多个 CSS 样式，一个 CSS 样式也可以被多个 HTML 页面导入，另外，在 CSS 文件中也可以导入其他 CSS 文件，大家可要多加练习。

3.1.4 案例练习

（1）练习使用内嵌式的 CSS 控制方法美化页面文本。

（2）练习使用链接式的 CSS 控制方法美化页面文本。

（3）练习使用 CSS 格式化图片。

3.2 【案例6】CSS选择器

3.2.1 案例分析——“西游人物”图像定位

1. 需求分析

图像在网页中的作用是非常重要的，它可以使网页更加美观、形象生动，从而使网页中的内容更加丰富多彩。在本节中，将会以制作“西游人物”页面的图像定位为例，介绍 CSS 选择器。

在本节中，继续制作 xyrw.html 中的 <footer> 部分，效果如图 3.2 所示。

图 3.2 西游人物页面底部效果

根据最终效果，对案例进行分析，通过以下几个方面实现。

（1）HTML 部分。应用页面标签设计页面。

（2）CSS 部分。为 HTML 用到的元素进行样式设置，并对 <div> 实施定位。

2. 设计思路

（1）准备素材。

（2）HTML 部分。为页面编写 HTML 内容。

（3）利用 CSS 美化页面。

（4）利用 CSS 定位图片。

3.2.2 实现步骤

1. 准备素材

制作或查找页面所需6张图片资料。

2.HTML 部分

继续编辑 xyrw.html 文件，代码如下：

```
<div class="footer">
  <p>西游人物馆</p>
  <div class="footer_img">
        <div class="img1"><img src="img/erlang.jpg"></div>
        <div class="img2"><img src="img/guanyin.jpg"></div>
        <div class="img3"><img src="img/hongbaby.jpg"></div>
        <div class="img4"><img src="img/horse.jpg"></div>
        <div class="img5"><img src="img/zushi.jpg"></div>
        <div class="img6"><img src="img/girls.jpg"></div>
  </div>
</div>
```

3. CSS 美化页面

继续编辑 xyrw.html 文件，美化页面。首先将6张图片的大小、样式设置统一，为了显示出样式的个别套用，将每张图片的边框设置为不同的颜色。代码如下：

```
<style type="text/css">
.footer_img img{width:130px; height:145px;}
.img1 img{border:1px solid #ff0000;}
.img2 img{border:1px solid #ff6600;}
.img3 img{border:1px solid #ffff00;}
.img4 img{border:1px solid #33ff00;}
.img5 img{border:1px solid #0000ff;}
.img6 img{border:1px solid #9900ff;}
</style>
```

4. CSS 定位图片

继续编辑 xyrw.html 文件，将图片放置到想要的位置上，进行图片定位。代码如下：

```
.footer_img img{width:130px; height:145px; margin:10px 0px 0px 24px;
  float:left;}
```

保存文件，在浏览器中浏览，效果如图3.2所示，整个页面的最终效果如图3.3所示。

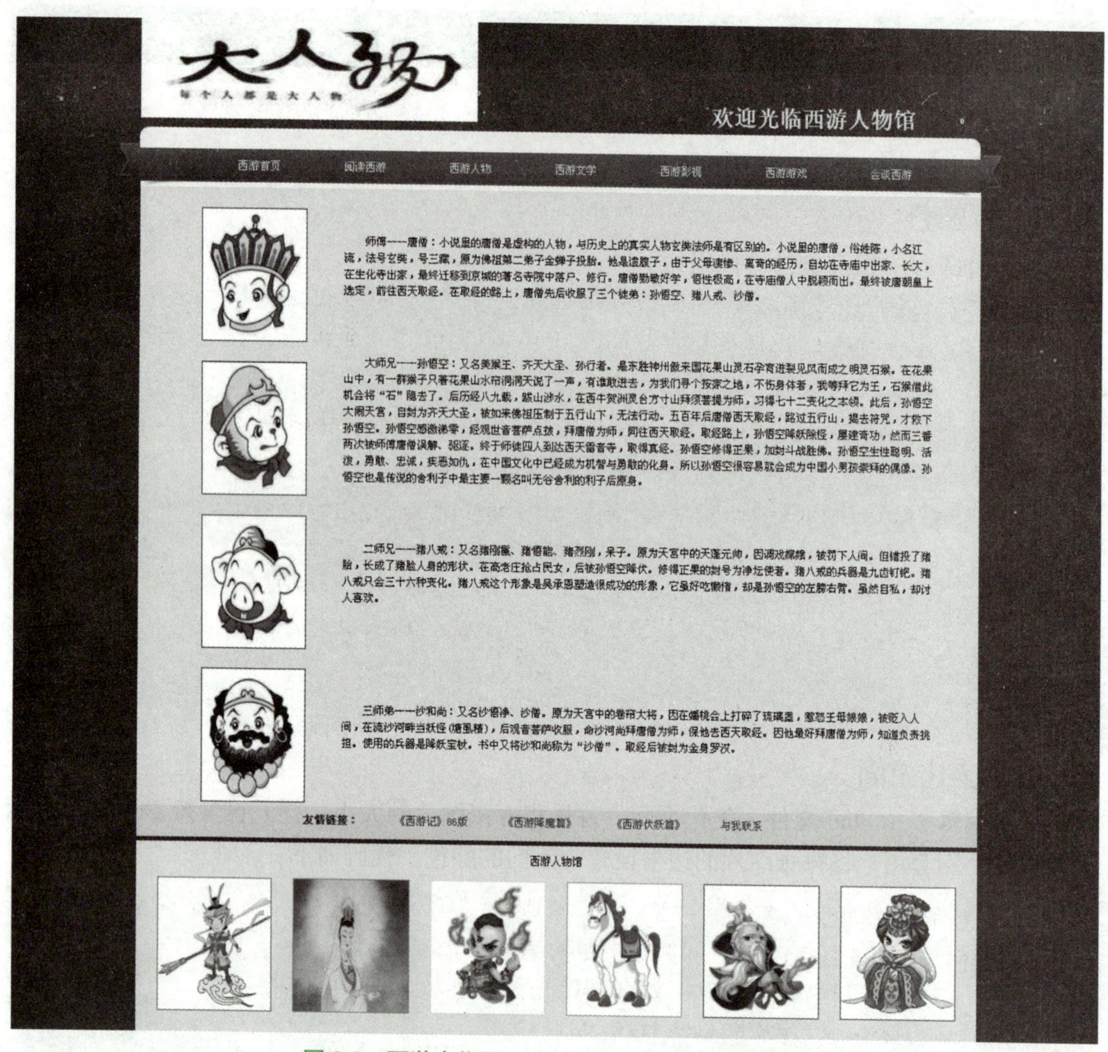

图 3.3　西游人物页面（xyrw.html）整体浏览效果

3.2.3　知识点讲解——基础和高级选择器

在美化页面和元素定位时，都离不开选择器。在此之前，已经接触到了选择器，例如：

```
body{background-color:#580000;}
```

其中，body 为选择器名、background-color 为属性、#580000 为属性值。CSS 选择器的类别非常丰富，在本节中将详细进行介绍。

1. 基础选择器

1）标签选择器

一个 HTML 文档中有许多标签，如 body 标签、p 标签、ul 标签、strong 标签等。若要向文档中的某一类现有标签指定同样的 CSS 样式，就需要使用标签选择器，标签的名称即为选择器名称。定义标签选择器的基本语法格式如下：

```
标签名 { 属性 1: 属性值 1; 属性 2: 属性值 2;……; 属性 n: 属性值 n;}
```

其中，所有 HTML 现有标签都可以作为选择器名称，标签选择器定义的效果是在所有作用范围内的此类标签都会具备。例如：

```
div{color:red;border:1px blue solid;}
p{color:#0000ff; font-size:12px;}
img{ border:1px solid #7b0002;}
h1{color:white;background-color:black;}
```

2）类选择器

类选择器可以为 HTML 文档中的标签指定相同的 CSS，在实际运用中，一种标签可能会重复使用，如果要为相同的标签指定不同的 CSS，这时就要用到类选择器。在定义类选择器的时候，要在类名的前面加上“.”（半角状态下的“点”），类名要以字母开头（这样可以保障在所有浏览器下都能兼容），可以有数字、下划线，大小写严格区别，如 abc 和 ABC 是两个不同的类选择器名称。定义类选择器的基本语法格式如下：

```
.类名{属性1:属性值1;属性2:属性值2; …;属性n:属性值n;}
```

在 3.1 节中，多次遇到了类选择器的基本用法，例如：

```
.banner{width:960px;height:120px;}
.nav{width:1007px; height:65px;clear:both;}
```

定义好类选择器后，需要在 HTML 文档页面显示部分通过标签的 class 属性进行调用，才可以将设置效果附加到相应的标签上去。两处共同作用，才能够顺利使用 CSS 对页面进行美化。HTML 元素可以同时调用类选择定义的多个 CSS 样式。

注意：类选择定义的样式可以在同一页面中多次调用。

3）id 选择器

id 选择器的用法和类选择器相似，命名规则也一样，不同之处在于 id 选择器用“#”进行标识，后面紧跟 id 名。定义类选择器的基本语法格式如下：

```
#id名{属性1:属性值1;属性2:属性值2; ……;属性n:属性值n;}
```

如果文件中某一标签想要唯一的特殊效果，可以使用 id 选择器对其定义并通过标签的 id 属性加以调用。例如：

```
#font1{ font-size: 32px;}
```

注意：同一个页面内同一个 id 不能重复。

2. 高级选择器

1）后代选择器

后代选择器也称为包含选择器，用来选择特定元素或元素组的后代，将对父元素的选择放在前面，对子元素的选择放在后面，中间加一个空格分开。后代选择器中的元素不仅仅只有两个，对于多层祖先后代关系，可以有多个空格加以分开，例如：

```
.nav ul li{list-style-type:none; float:left;width:80px;}
.nav li a{color:#fff7b3;text-decoration:none;display:block;}
.img1 img{border:1px solid #ff0000;}
```

后代选择器定义的样式只能作用于按照选择器名称处层层递进的最里端标签内的内容，如页面中有两处项目列表，但上例中定义的样式只能作用于“nav”选择器中的 <ul> 中嵌套的所有 <li> 标签，其他位置 <ul> 嵌套的 <li> 标签不会显示其中的效果。

2）子代选择器

子代选择器可以作用的范围是指它的直接后代，或者可以理解为作用于子元素的第一个后代，后代选择器是作用于所有子后代元素。子选择器通过“>”进行选择。例如：

```
p>span{font-size: 22px;font-weight: bold;}
```

注意：后代选择器是所有浏览器都兼容的，都可使用。子选择器在 IE6、IE7、IE8 中则是不被支持的选择器。

3）伪类选择器

CSS 伪类用于向某些选择器添加特殊的动态效果，是指定元素的某种状态，只有当用户和网站交互的时候才能体现出来，严格说来，本身并不属于选择器。在制作页面过程中，经常在制作超级链接的时候用到伪类选择器。例如：

```
.link a:link,.link a:visited{ color:#580c00; text-decoration:none;}
.link ul li a:hover,.link a:active{color:#9e3423;text-decoration:none;}
```

注意：

在 CSS 定义中，a:hover 必须被置于 a:link 和 a:visited 之后，才是有效的。

在 CSS 定义中，a:active 必须被置于 a:hover 之后，才是有效的。

4）群组选择器

当几个选择器属性一样时，可以共同调用一个定义，选择器之间用逗号分隔。例如：

```
.link a:link,.link a:visited{ color:#580c00; text-decoration:none;}
.link ul li a:hover,.link a:active{color:#9e3423;text-decoration:none;}
h1,h2,p{color:red;font-size:22px;}
```

5）通配符选择器

通配符选择器是一种特殊的选择器，作用范围最广，可以给当前页面所有的标签定义属性，选择器的名称用“*”表示。定义通配符选择器的基本语法格式如下：

```
*{ 属性 1: 属性值 1; 属性 2: 属性值 2;…; 属性 n: 属性值 n;}
```

例如：

```
*{margin:0px auto;                    /* 定义外边距 */
   padding:0px;                       /* 定义内边距 */
   border:0px;                        /* 定义边框为 0px*/
   font-size:12px;                    /* 定义文字大小为 12px*/
   font-family:" 宋体 ";              /* 定义字体为宋体 */
}
```

3.2.4 扩展：浏览器兼容问题

浏览器兼容性问题又被称为网页兼容性或网站兼容性问题，指由于浏览器对同一段代码的解析不同，造成页面显示效果不一样的问题。在网站的设计和制作中，做好浏览器兼容，才能够让网站在不同的浏览器下都正常显示，这也是我们做网站的必要需求，浏览器的兼容性问题是前端开发人员经常会碰到和必须要解决的问题。

1. 产生原因

不同浏览器使用内核及所支持的 HTML 等网页语言标准不同或者和用户客户端的环境不同（如分辨率不同）造成的显示效果无法达到理想效果。

2. 解决方案

对于网站开发者来说，目前暂没有统一的能解决这样的工具，最普遍的解决办法就是不断地在各浏览器间调试网页显示效果，通过对 CSS 样式控制以及脚本判断赋予不同浏览器的解析标准。如果所要实现的效果可以使用框架，那么还有另一个解决办法是在开发过程中使用当前比较流行的 JS、CSS 框架，如 JQuery UI 等，因为这些框架无论是底层还是应用层，一般都已经做好了浏览器兼容，所以可以放心使用。除此之外，CSS 提供了很多 hack 接口可供使用，hack 既可以实现跨浏览器的兼容，也可以实现同一浏览器不同版本的兼容。

扫一扫：查看分析和解答（1）

扫一扫：查看分析和解答（2）

扫一扫：查看分析和解答（3）

3.2.5　案例练习

（1）使用 id 选择器定义页面文字效果。

（2）使用类选择器定义段落效果。

（3）使用子代选择器定义列表效果。

（4）分析以上 3 种效果与代码对应的特点。

3.3　【案例7】精华：继承和层叠

3.3.1　案例分析——“西游首页”中的“新闻热点”版块

1. 需求分析

继承和层叠是 CSS 样式设计者提高工作效率、整合代码结构的两把利器。在本案例中，以制作 index.html 中的“新闻热点”版块为例，介绍继承和层叠的使用方法。效果如图 3.4 所示。

新闻热点

西游女妖，实力弱爆却不怕悟空，抓唐僧...

“西游文创开发”需要秉持“三大思维”

《新西游记4》番外篇《姜餐厅》济州岛开拍

秋风送爽，莫负好时光，尽在西游记！

西游记新派电影开拍

西游女妖，实力弱爆却不怕悟空，抓唐僧...

“西游文创开发”需要秉持“三大思维”

《新西游记4》番外篇《姜餐厅》济州岛开拍

秋风送爽，莫负好时光，尽在西游记！

西游记新派电影开拍

图 3.4 “新闻热点”版块

根据最终效果，对案例进行分析，通过以下几个方面实现。

（1）HTML 部分。编写页面内容。

（2）CSS 部分。为 HTML 用到的元素进行样式设置。

2. 设计思路

（1）设计版块结构。

（2）编写新闻条目。

（3）利用 CSS 实现最终效果。

3.3.2 实现步骤

1. HTML 部分

打开 index.html 文件，编写新闻条目，代码如下：

```
<div class="new-list">
  <h4> 新闻热点 </h4>
  <ul>
    <li><a href="#"> 西游女妖，实力弱爆却不怕悟空，抓唐僧 ...</a></li>
    <li><a href="#">“西游文创开发 " 需要秉持“三大思维 "</a></li>
    <li><a href="#">《新西游记 4》番外篇《姜餐厅》济州岛开拍 </a></li>
    <li><a href="#"> 秋风送爽，莫负好时光，尽在西游记 !</a></li>
    <li><a href="#"> 西游记新派电影开拍 </a></li>
    <li><a href="#"> 西游女妖，实力弱爆却不怕悟空，抓唐僧 ...</a></li>
    <li><a href="#">“西游文创开发 " 需要秉持“三大思维 "</a></li>
    <li><a href="#">《新西游记 4》番外篇《姜餐厅》济州岛开拍 </a></li>
    <li><a href="#"> 秋风送爽，莫负好时光，尽在西游记 !</a></li>
    <li><a href="#"> 西游记新派电影开拍 </a></li>
  </ul>
</div>
```

2. CSS 美化

继续编辑 index.html 文件中样式表部分，代码如下：

```
.new-list {border: 1px solid #dedee0;background-color: #f7f7f7; padding: 10px; width: 350px; }
.new-list h4{font-size: 14px; height: 40px;line-height: 40px; border-bottom: 1px solid #dedee0;}
.new-list ul li{list-style-type: none;}
.new-list ul li a{ color: #000;display: block;height: 30px; line-height: 30px; text-decoration: none;font-size: 12px;}
.new-list ul li a:hover{color: #35a807;text-decoration: underline;}
```

保存文件，在浏览器中浏览，就可以得到如图 3.4 所示的效果了。

3.3.3 知识点讲解——CSS的继承性与层叠性

CSS 的继承性和层叠性是 CSS 层叠样式表的基本特性，使用这两种性质可以大大提高页面制作和后期维护效率。使用 CSS 的继承性和层叠性，首先要熟悉 CSS 控制页面的方法，以及各个方法之间的优先级，这样才不会使样式效果混乱。

1. CSS 的继承性

在计算机课程学习中，有很多语言会涉及“继承”这个词语，如 C++、Java 等。CSS 的继承和 HTML 文档结构有很大的关系，子标签会继承父标签的某些样式。标签的父子关系如图 3.5 所示。

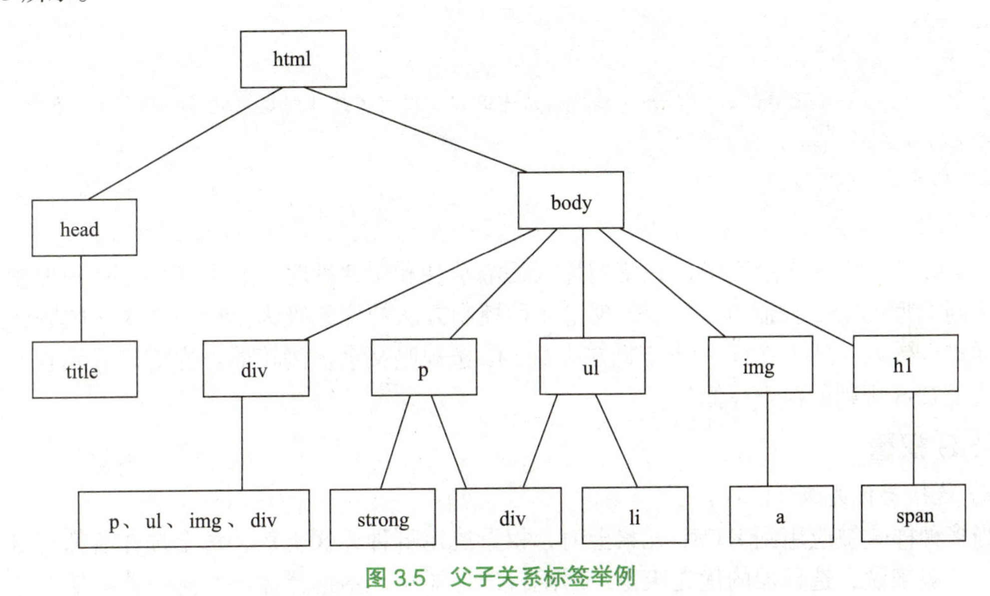

图 3.5 父子关系标签举例

子标签会继承父标签的某些样式，如果不希望子标签继承，则对子标签进一步设定样式即可。

在 CSS 中，关于文字样式的属性大多能够继承，如 color、text- 开头的属性、line- 开头的属性、font- 开头的属性；行内元素还可以继承 letter-spacing、word-spacing、text-decoration 等属性；列表元素可继承 list-style、list-style-type、list-style-position、list-style-image 等属性。

也有很多属性是不能继承的，如关于盒子模型的、定位的、布局的相关属性。

注意： 盒子模型、定位、布局将在第 4 章进行介绍。

例如，设置文本元素的效果，CSS 部分代码如下：

```
.div{color:red;}
```

HTML 部分代码如下：

```
<div><span>CSS 的继承性 </span></div>
```

“CSS 的继承性”没有设计样式，却继承了 div 中设置的文本颜色“红色”。

2. CSS 的层叠性

CSS 的层叠性，又称为嵌套性，是指多种 CSS 样式的叠加。在 CSS 文件中，是用得较多的一种特性。

例如，CSS 部分代码如下：

```
<style type="text/css">
body{font-size: 15px; color: black;}
.content{font-family: "黑体"; }
p{text-indent: 2em;}
p>span{ color: red;font-weight: bold; }
</style>
```

HTML 部分代码如下：

```
<body>
<div class="content">
    <p><span>《西游记》</span>以丰富瑰奇的想象描写了师徒四众在迢遥的西方途上和穷山恶水冒险斗争的历程。</p>
</div>
</body>
```

在实际的网页制作过程中，在使用样式的继承性和层叠性时，有可能会用到一种或一种以上不同类型的 CSS 控制方法，CSS 规定 4 种控制方法的优先级为：行内样式＞内嵌样式＞链接样式＞导入样式。在同一种控制方法中，哪条规则又会被浏览器优先应用到元素上呢？这取决于 CSS 规则的权重高低。

3. CSS 权重

1）选择器优先级

当多种样式被应用到 HTML 元素上时，权重决定哪种样式生效，每个选择器都有自己的权重。一般来说，选择器的优先级是：通配符选择器＜标签选择器＜类选择器＜属性选择器＜伪类选择器＜ ID 选择器＜行内样式。

2）权重计算规则

将选择器定义为四类：第一类，行内样式，权重值为 1000；第二类，ID 选择器，权重值为 100；第三类，类选择器、伪类选择器，权重值为 10；第四类，标签选择器，权重值为 1。

注意：通配符选择器的权重值为 0。

例如，HTML 部分代码如下：

```
<div id="div1">
    <p class="div2">猜猜<span><strong>我</strong></span>是什么颜色的？</p>
</div>
```

CSS 部分代码如下：

```
#div1 .div2 span strong{color:red;}
#div1 p span strong{color:blue;}
```

“#div1 .div2 span strong”的权重值是 100+10+1+1=112。

“#div1 p span strong”的权重值是 100+1+1+1=103。

根据权重大小来选择，元素选择权重大的效果，也就是“我”的颜色是红色red。

注意：如果权重一样则就近原则选择。

3）! important

!important用于增加样式的权重，提高样式的优先级，加了这句的样式的优先级为最高。

注意：!important提升的是一个属性，而不是一个选择器，权重一样的情况下不影响就近原则，它无法提升继承的权重。

将上例中的CSS代码部分重新定义如下：

```
#div1 .div2 span strong{color:red;}
#div1 p span strong{color:blue!important;}
```

“我”的颜色则为蓝色blue。

3.3.4 案例练习

（1）充实、美化“西游内容”（xynr.html）页面，体会继承性、层叠性给网页创作和维护带来的便利。

（2）查看第2章、第3章中已经用到的样式代码。

扫一扫：查看分析和解答（1）

3.4 【案例8】文字修饰与超链接

3.4.1 案例分析——装饰“西游人物”页面

1. 需求分析

在本案例中，将对“西游人物”页面的文字和超链接进行修饰。

CSS的文字效果很丰富，如文字的字体、大小、颜色、粗细、下划线、顶划线、删除线、斜体、英文字母大小写等。

段落文字的常用效果包括水平对齐方式、垂直对齐方式、行间距、字间距、行高、首字放大等。

超链接的效果大多需要在页面浏览时动态显示出来。

2. 设计思路

（1）使用样式表修饰页面文字。

（2）使用样式表制作动态链接效果。

3.4.2 实现步骤

1. 修饰页面文字效果

打开xyrw.html，进行文字修饰，另存为xyrw2.html。原始文字效果如图3.6所示。

师傅——唐僧：小说里的唐僧是虚构的人物，与历史上的真实人物玄奘法师是有区别的。小说里的唐僧，俗姓陈，小名江流，法号玄奘，号三藏，原为佛祖第二弟子金蝉子投胎。他是遗腹子，由于父母凄惨、离奇的经历，自幼在寺庙中出家、长大，在生化寺出家，最终迁移到京城的著名寺院中落户、修行。唐僧勤敏好学，悟性极高，在寺庙僧人中脱颖而出。最终被唐朝皇上选定，前往西天取经。在取经的路上，唐僧先后收服了三个徒弟：孙悟空、猪八戒、沙僧。

大师兄——孙悟空：又名美猴王、齐天大圣、孙行者。是东胜神州傲来国花果山灵石孕育迸裂见风而成之明灵石猴。在花果山中，有一群猴子只着花果山水帘洞洞天说了一声，有谁敢进去，为我们寻个按家之地，不伤身体者，我等拜它为王，石猴借此机会将“石”隐去了。后历经八九载，跋山涉水，在西牛贺洲灵台方寸山拜须菩提为师，习得七十二变化之本领。此后，孙悟空大闹天宫，自封为齐天大圣，被如来佛祖压制于五行山下，无法行动。五百年后唐僧西天取经，路过五行山，揭去符咒，才救下孙悟空。孙悟空感激涕零，经观世音菩萨点拨，拜唐僧为师，同往西天取经。取经路上，孙悟空降妖除怪，屡建奇功，然而三番两次被师傅唐僧误解、驱逐。终于师徒四人到达西天雷音寺，取得真经。孙悟空修得正果，加封斗战胜佛。孙悟空生性聪明、活泼，勇敢、忠诚，疾恶如仇，在中国文化中已经成为机智与勇敢的化身。所以孙悟空很容易就会成为中国小男孩崇拜的偶像。孙悟空也是传说的舍利子中最主要一颗名叫无谷舍利的利子后原身。

二师兄——猪八戒：又名猪刚鬣、猪悟能、猪烈刚，呆子。原为天宫中的天蓬元帅，因调戏嫦娥，被罚下人间。但错投了猪胎，长成了猪脸人身的形状。在高老庄抢占民女，后被孙悟空降伏。修得正果的封号为净坛使者。猪八戒的兵器是九齿钉耙。猪八戒只会三十六种变化。猪八戒这个形象是吴承恩塑造很成功的形象，它虽好吃懒惰，却是孙悟空的左膀右臂。虽然自私，却讨人喜欢。

三师弟——沙和尚：又名沙悟净、沙僧。原为天宫中的卷帘大将，因在蟠桃会上打碎了琉璃盏，惹怒王母娘娘，被贬入人间，在流沙河畔当妖怪（塘虱精），后观音菩萨收服，命沙河尚拜唐僧为师，保他去西天取经。因他最好拜唐僧为师，知道负责挑担。使用的兵器是降妖宝杖。书中又将沙和尚称为“沙僧”。取经后被封为金身罗汉。

图 3.6　原始文字效果

1）将人物名称单独设置效果

这里需要用到一个行内元素 <span>，用以设置同一行中的不同效果。以设置“师傅——唐僧”为例，添加 <span> 标签，代码如下：

```
<td><span class="intro">师傅——唐僧：</span>小说里的唐僧是虚构的人物，与历史上的真实人物玄奘法师是有区别的。小说里的唐僧，俗姓陈，小名江流，法号玄奘，号三藏，原为佛祖第二弟子金蝉子投胎。他是遗腹子，由于父母凄惨、离奇的经历，自幼在寺庙中出家、长大，在生化寺出家，最终迁移到京城的著名寺院中落户、修行。唐僧勤敏好学，悟性极高，在寺庙僧人中脱颖而出。最终被唐朝皇上选定，前往西天取经。在取经的路上，唐僧先后收服了三个徒弟：孙悟空、猪八戒、沙僧。 </td>
```

添加样式，设置文字颜色、字号、文字加粗，代码如下：

```
.intro{ color: #f71005;font-size: 15px;font-weight: bold;}
```

同样在“大师兄——孙悟空”“二师兄——猪八戒”“三师弟——沙和尚”两侧加上 <span> 标签的引用即可完成本项设置。效果如图 3.7 所示。

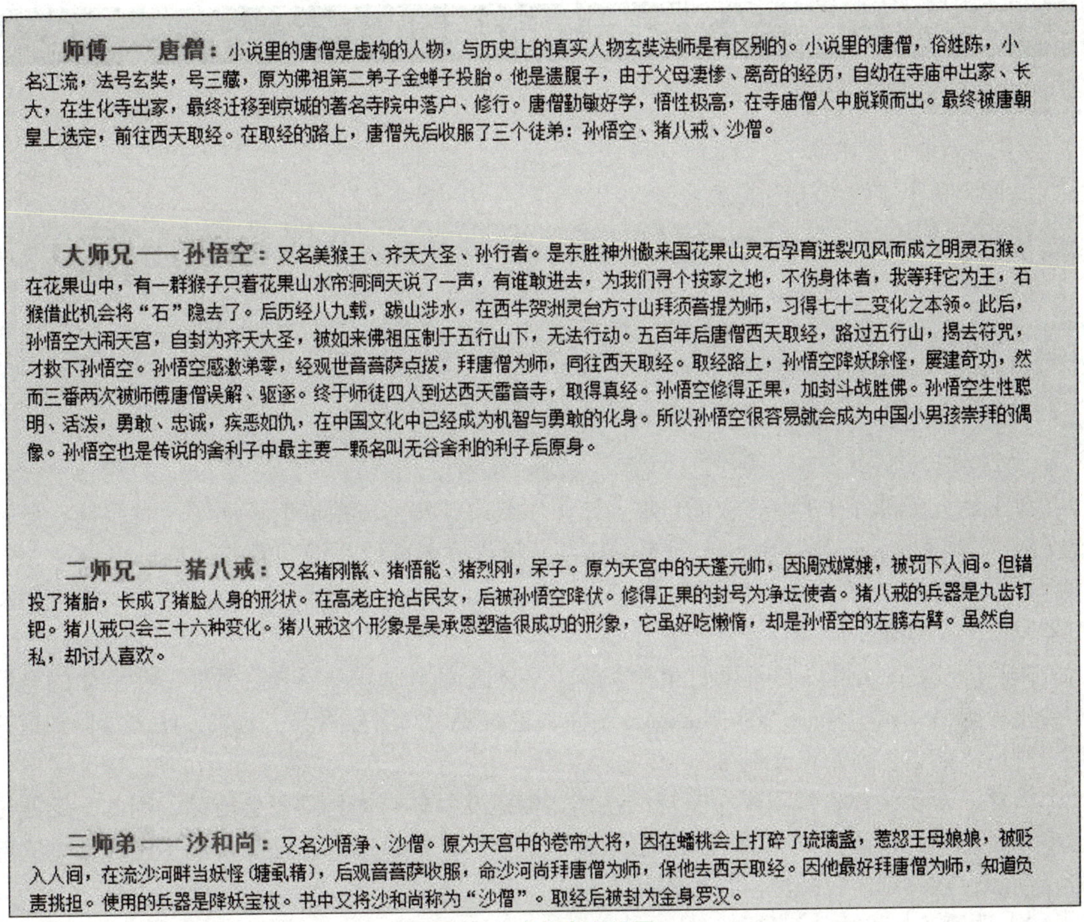

师傅——唐僧：小说里的唐僧是虚构的人物，与历史上的真实人物玄奘法师是有区别的。小说里的唐僧，俗姓陈，小名江流，法号玄奘，号三藏，原为佛祖第二弟子金蝉子投胎。他是遗腹子，由于父母凄惨、离奇的经历，自幼在寺庙中出家、长大，在生化寺出家，最终迁移到京城的著名寺院中落户、修行。唐僧勤敏好学，悟性极高，在寺庙僧人中脱颖而出。最终被唐朝皇上选定，前往西天取经。在取经的路上，唐僧先后收服了三个徒弟：孙悟空、猪八戒、沙僧。

大师兄——孙悟空：又名美猴王、齐天大圣、孙行者。是东胜神州傲来国花果山灵石孕育迸裂见风而成之明灵石猴。在花果山中，有一群猴子只着花果山水帘洞洞天说了一声，有谁敢进去，为我们寻个按家之地，不伤身体者，我等拜它为王，石猴借此机会将“石”隐去了。后历经八九载，跋山涉水，在西牛贺洲灵台方寸山拜须菩提为师，习得七十二变化之本领。此后，孙悟空大闹天宫，自封为齐天大圣，被如来佛祖压制于五行山下，无法行动。五百年后唐僧西天取经，路过五行山，揭去符咒，才救下孙悟空。孙悟空感激涕零，经观世音菩萨点拨，拜唐僧为师，同往西天取经。取经路上，孙悟空降妖除怪，屡建奇功，然而三番两次被师傅唐僧误解、驱逐。终于师徒四人到达西天雷音寺，取得真经。孙悟空修得正果，加封斗战胜佛。孙悟空生性聪明、活泼，勇敢、忠诚，疾恶如仇，在中国文化中已经成为机智与勇敢的化身。所以孙悟空很容易就会成为中国小男孩崇拜的偶像。孙悟空也是传说的舍利子中最主要一颗名叫无谷舍利的利子后原身。

二师兄——猪八戒：又名猪刚鬣、猪悟能、猪烈刚，呆子。原为天宫中的天蓬元帅，因调戏嫦娥，被罚下人间。但错投了猪胎，长成了猪脸人身的形状。在高老庄抢占民女，后被孙悟空降伏。修得正果的封号为净坛使者。猪八戒的兵器是九齿钉钯。猪八戒只会三十六种变化。猪八戒这个形象是吴承恩塑造很成功的形象，它虽好吃懒惰，却是孙悟空的左膀右臂。虽然自私，却讨人喜欢。

三师弟——沙和尚：又名沙悟净、沙僧。原为天宫中的卷帘大将，因在蟠桃会上打碎了琉璃盏，惹怒王母娘娘，被贬入人间，在流沙河畔当妖怪(蜷虱精)，后观音菩萨收服，命沙河尚拜唐僧为师，保他去西天取经。因他最好拜唐僧为师，知道负责挑担。使用的兵器是降妖宝杖。书中又将沙和尚称为“沙僧”。取经后被封为金身罗汉。

图 3.7 人物名称设置

2）设置导航文字居中

导航内容常常会放到 <li> 标签中，文本的水平居中设置比较简单，垂直居中需要借助行高的设置来实现。在 <li> 样式定义中添加代码如下：

```
text-align:center;          /* 水平居中 */
height:22px;
line-height:22px;           /* 这两句代码共同作用实现垂直居中 */
```

效果如图 3.8 所示。

西游首页 阅读西游 西游人物 西游文学 西游影视 西游游戏 会谈西游

图 3.8 设置行高

2. 修饰超链接

通过 CSS 伪类技术可以实现超链接动态效果，代码如下：

```
.nav li a:hover{color:#8b1f1c; background-repeat:no-repeat; background-image:url(img/nav_bj.gif); line-height:24px;}
.link a:link,.link a:visited{ color:#580c00; text-decoration:none;}
.link ul li a:hover,.link a:active{color:#9e3423;text-decoration:none;}
```

3.4.3 知识点讲解——文字样式与超链接背景

1. CSS 控制文本样式

1）设置文字的字体

设置文字字体的语法格式如下：

```
选择器{font-family: 属性值；}
```

例如，新建一个 HTML 页面，在其文档头部增加如下代码：

```
<style type="text/css">
h1{font-family:黑体；}
p{font-family:Arial,"Times New Roman";}
</style>
```

以上语句声明了 HTML 页面中 h1 字体使用黑体，文本段落同时声明了两种字体，分别是 Arial 字体和 Times New Roman 字体。其含义是告诉浏览器在访问者的计算机中寻找 Arial 字体，如果没有 Arial 字体，就寻找 Times New Roman 字体，如果两种字体都没有，则使用浏览器默认的字体显示。

font-family 属性可以同时声明多种字体，字体之间用逗号分隔开。另外一些字体的名称中会出现空格，如“Times New Roman”字体，这时要用双引号将其引起来，使浏览器知道这是一种字体名称，要用英文引号。

注意：很多设计者喜欢多种多样的字体，但这些字体很多用户不会安装，因此一定要设置多个备选字体，避免浏览器直接替换成默认的字体。最直接的方法是使用了生僻字体的部分，用图形软件制作成图片，再加载到页面中。

2）设置字体的倾斜效果

文字的倾斜并不是真的把字体拉斜实现的，倾斜的字体是一个独立的字体，对应于操作系统中的某一个字库文件。严格来说，在英文中，字体的倾斜有以下 3 种。

（1）normal：正常倾斜，默认值。

（2）italic：意大利体，人们平常所说的倾斜都是指“意大利体”。

（3）oblique：真正的倾斜，这就是把一个字母向右边倾斜一定的角度产生的效果。Windows 操作系统下没有实现 oblique 方式的字体，只是找了一个接近它的字体。

CSS 中的 font-style 属性用来控制字体的倾斜，可以设置为“正常”“意大利体”“倾斜”3 种样式，示例如下：

```
p{font-style:normal;}
```

注意：对于中文字体来说，并不存在这么多情况。另外，中文字体的倾斜效果并不好看，因此网页上很少使用中文字体的倾斜效果。

3）设置文字加粗效果

在 HTML 中使用 <b> 或 <strong> 将文字设置为粗体，在 CSS 中使用 font-weight 属性控制文字的粗细，可以将文字的粗细进行细致的划分，更重要的是 CSS 还可将本来是粗体的文字变成正常粗细。例如：

```
p{font-weight:normal;}
div{font-weight:12px;}
```

对于在网页中的文本，其font-weight属性的设置有normal（正常粗细）、bold（粗体）、bolder（加粗体）、lighter（比正常粗细还细）、100~900（共有9个层次100、200、…、900，越大越粗）。

注意： 在HTML中<b>和<strong>表现效果是一样的，但是<b>没有语义，<strong>表示“突出”“加强”含义，大多数搜索引擎都对网页中的<strong>很重视。如果设计者一方面想引起重视一方面又不想以粗体显示。这时可以对<strong>使用“font-weight:normal”，这样就可以让其回复正常粗细，又不影响语义效果。

4）英文字母大小写转换

英文转换由属性text-transform属性控制，有3个属性值：capitalize（单词首字母大写）、uppercase（全部大写）、lowercase（全部小写）。例如：

```
#p1{text-transform: capitalize;}
#p2{text-transform: uppercase;}
#p3{text-transform: lowercase;}
```

5）控制文字的大小

CSS通过font-size控制文字的大小，文字最常使用的单位是px和em，也可以用百分比做单位，例如：

```
p{font-size:200%}                /* 表示文字大小为原来的两倍 */
p{font-size:12px;}
```

6）文字的装饰效果

在CSS中由text-decoration属性为文字加下划线、删除线和顶划线等多种装饰效果，text-decoration属性值有none（正常显示）、underline（为文字加下划线）、line-through（为文字加删除线）、overline（为文字加顶划线）、blink（文字闪烁，仅部分浏览器支持）。

可以同时设置多个属性值。例如：

```
p{text-decoration:underline overline;}
```

7）设置段落首行缩进

首行缩进由text-indent属性控制，中文段落首行缩进两个文字空白，例如：

```
p{text-indent:2em;           /* 首行缩进2字符 */
   padding-left:2em;         /* 悬挂缩进2字符 */
   text-indent:-2em;}        /* 向外凸出2字符 */
```

8）设置字词间距

设置字符间距，用letter-spacing属性添加字母之间的空白，word-spacing属性添加每个单词之间的空白，word-spacing对中文无效，例如：

```
p{letter-spacing: 1px;word-spacing: 1px;}
```

属性值有两种：normal（默认间隔）、length（由浮点数字和单位标识符组成的长度值，允许为负值）。

9）设置段落内部的文字行高

设置文字的行高就是设置行与行之间的距离，需要用到line-height属性，line-height属性值有3种形式：长度（数值）、倍数（font-size的设置值的倍数）、百分比（相对于font-size

的百分比）。例如：

```
p{line-height:30px;}
```

10）控制文本的水平位置

CSS 使用 text-align 属性控制文本的水平位置，属性值有 4 种形式：left（左对齐，也是浏览器默认形式）、right（右对齐）、center（居中对齐）、justify（两端对齐）。例如：

```
p{text-aligh:center;}
```

2. 超链接样式

在 HTML 语言中使用 <a> 标签来定义超链接，在 2.2.3 节中已经详细介绍了超链接的基本使用方法，下面使用 CSS 样式定义超链接的动态效果。

为了页面效果，常常需要为超链接指定不同的状态，使其在点击前、点击后、鼠标悬停时的样式不同。在 CSS 中，通过链接伪类来实现，语法格式如下：

```
选择器：伪类名 { 属性 ： 属性值 ；}
```

CSS 可控制超链接样式有 a:link（超级链接的初始状态）、a:hover（把鼠标放上去时悬停的状态）、a:active（鼠标单击时的状态）、a:visited（访问过后的状态）。

定义这 4 个伪类，必须按照“link、visited、hover、active”的顺序进行，不然浏览器可能无法正常显示这 4 种样式。例如：

```
.link a{text-decoration:none;}
.link a:link,.link a:visited{ color:#580c00; text-decoration:none;}
.link ul li a:hover,.link a:active{color:#9e3423;text-decoration:none;}
```

3.4.4 案例练习

扫一扫：查看分析和解答

根据在本节介绍的文本和超链接样式的设置方法，将“西游首页”美化一番吧！

第 4 章

掌控页面布局

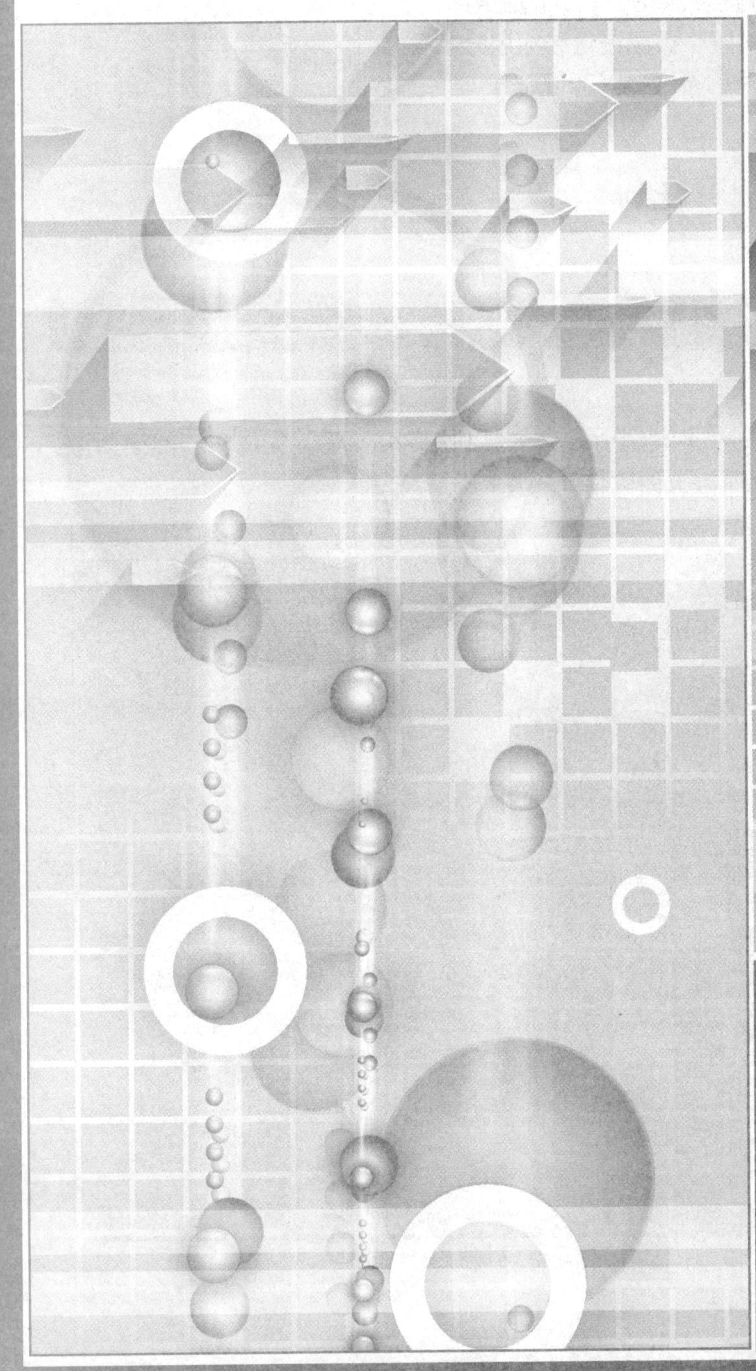

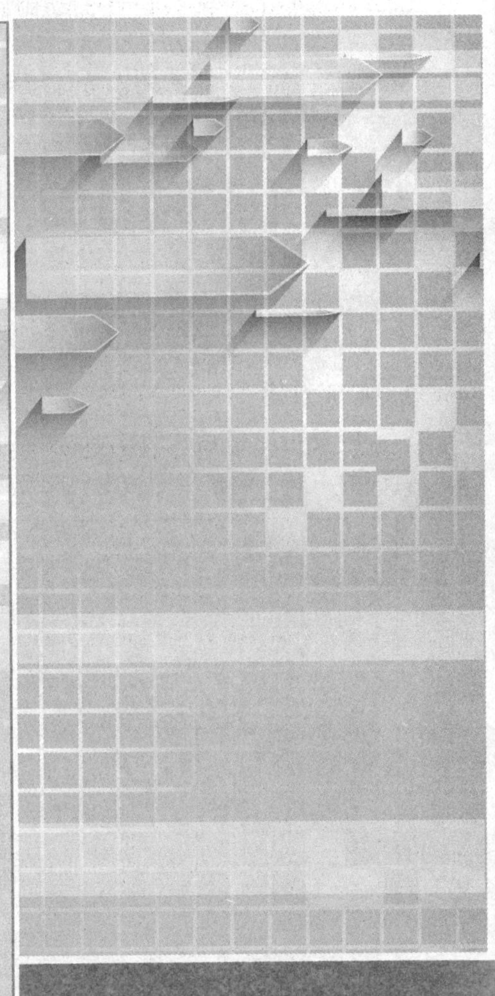

一个完整的页面大多都是由若干部分组成的，要想页面结构清晰、合理，在设计页面前就需要分析页面结构，进行页面布局。网页的布局是 CSS 的核心知识之一。如何划分页面结构、利用 CSS 控制页面元素的位置，是本章学习的重点。

本章重点 ⇨ 1. 理解盒子模型及相关 CSS 属性设置方法。
2. 掌握块元素和行内元素的区别。
3. 掌握浮动布局的原理。
4. 掌握 3 种定位方法。
5. 能够熟练应用链接式 CSS 样式的使用。
6. 能够利用 div 对整个页面进行结构划分。
7. 能够初步解决 HTML 的乱码问题。

4.1 【案例9】盒子模型

4.1.1 案例分析——“阅读西游”页面边距调整

1. 需求分析

网页布局是 CSS 的核心技术。在本案例中，将主要利用 <div> 标签完成对“阅读西游”页面的布局，调整页面边距。阅读西游页面效果如图 4.1 所示。

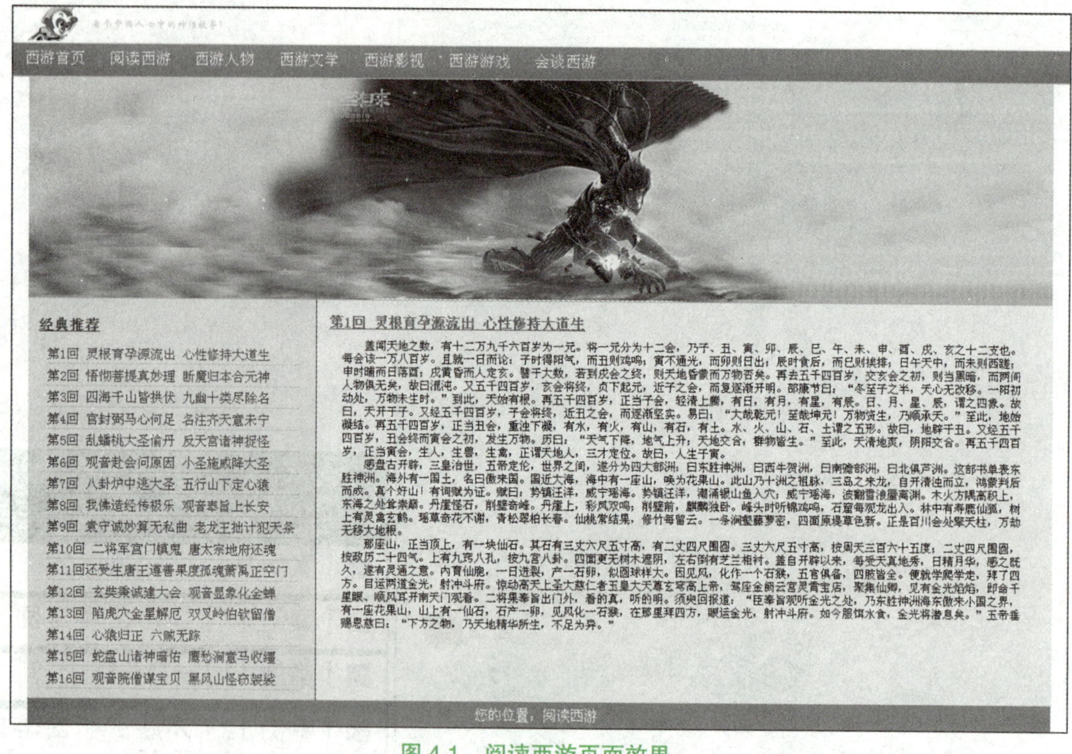

图 4.1 阅读西游页面效果

根据最终效果，对案例进行分析，通过以下几个方面实现。

（1）设计页面结构布局。

（2）HTML 部分。应用页面标签设计页面。

（3）CSS 部分。为 HTML 用到的元素进行样式设置。

2. 设计思路

（1）使用 <div> 标签进行页面布局。

（2）HTML 部分。为页面编写 HTML 内容。

（3）利用 CSS 美化页面。

4.1.2　实现步骤

1. 页面结构布局

div 是 division 的缩写，意思是“分隔、区域”。在设计页面结构时，经常采用 <div> 标签分隔页面。从效果图可以看出，整个页面分为 3 个部分：头部 header、正文 content、尾部 footer，如图 4.2 所示。

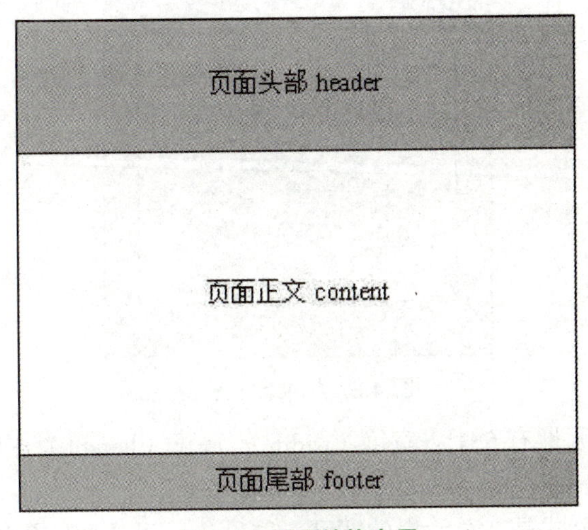

图 4.2　页面结构布局

其中，header 部分设计该页面的 LOGO，放置在页面最上端；content 部分设计该页面的详细内容；footer 部分设计该页面的说明信息，放置在页面最底端。

2. HTML 部分

新建 ydxy.html 文件，代码如下：

```
<body>
  <header id="header"></header>
  <div id="content"></div>
  <div id="footer"></div>
</body>
```

编写内容，详见课程素材。

3. CSS 部分

继续编辑 ydxy.html 文件，设置页面的 CSS 样式。在本案例中，主要实现页面的布局、结构定义，模块大小。例如，footer 部分代码如下：

```
#footer {width: 100%; height: 30px; line-height: 30px;
text-align: center; background-color: #37ae07;color: #FFFFFF;}
```

依次编写素材样式，保存文件，在浏览器中浏览，可以得到图 4.1 的最终效果，实现页面结构的布局。

4.1.3　知识点讲解——盒子模型与标准文档流

页面布局经常用到盒子模型和标准流文档，在本节中，将会详细介绍这两个方面内容。

1. 盒子模型

盒子模型是 CSS 控制页面时的重要工具，是在网页设计中经常用到的一种思维模型，如图 4.3 所示。

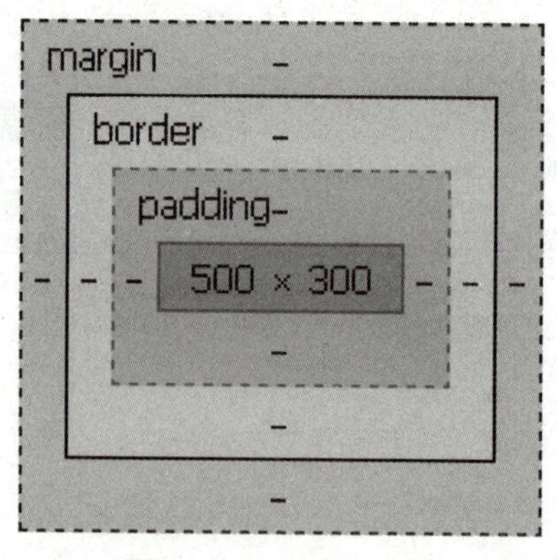

图 4.3　标准盒子模型

一个盒子中主要的属性有 5 个：宽度（width）、高度（height）、内边距（padding）、外边距（margin）、边框（border）。

元素的总宽度计算公式是：总元素的宽度 = 宽度（width）+ 左填充（padding-left）+ 右填充（padding-right）+ 左边框（border-left）+ 右边框（border-right）+ 左边距（margin-left）+ 右边距（margin-right）。

元素的总高度最终计算公式是：总元素的高度 = 高度（height）+ 顶部填充（padding-top）+ 底部填充（padding-bottom）+ 上边框（border-top）+ 下边框（border-right）+ 上边距（margin-top）+ 下边距（margin-bottom）。

1）宽度和高度

width 和 height 用于定义模型的宽度和高度，属性值即为盒子模型高度、宽度的数值，有时属性值也会设置为 100%，如 width:100%，指的是设置模型的宽度为父级元素的整个宽度。

2）内边距

内边距 padding 指的是内容与边框之间的距离，如对块元素 div 设置 padding 属性：

```
div{padding: -2px 2px 0px 2px;}
```

则 div 中的内容距离盒子边框的距离分别是上边距 -2px、右边距 2px、下边距 0px、左边距 2px。

3）外边距

网页是由多个盒子排列而成的，盒子之间的间距通过外边距 margin 来设置，例如：

```
div{margin: 10px 2px 0px 2px;}
```

在页面中各个 div 之间的距离是：距离上方盒子的边距 10px、距离右方盒子的边距 2px、距离下方盒子的边距 0px、距离左方盒子的边距 2px。

注意：其中边距值同样可以是正数，可以是负数。

4）边框

盒子模型的边框 border，常用属性有 3 个：颜色（border-color）、粗细（border-width）、样式（border-style），如果直接设置这 3 个属性，则盒子四周的边框都会显示同样的效果。例如：

```
div{border-color: #ff0000; border-width: 1px; border-style: solid; }
```

注意：当同时设置盒子 4 个边框时，参数个数、设置方向和 padding、margin 属性的相同。如果只有一个参数：表示上右下左 4 个方向边框的颜色 / 粗细 / 样式；如果有两个参数：第一个参数表示上下方向边框的颜色 / 粗细 / 样式，第二个参数表示左右方向边框的颜色 / 粗细 / 样式；如果三个参数：第一个参数表示上边框的颜色 / 粗细 / 样式，第二个参数表示左右方向边框的颜色 / 粗细 / 样式，第三个参数表示下边框的颜色 / 粗细 / 样式。

2. 元素类型

HTML 提供了丰富的标签用于组织界面结构，在 CSS 中这些标签一般分为块标签和行内标签，也称为块元素和行内元素。

1）块元素

块元素（Block Element）在页面中以区域块的形式出现，每个块元素单独占一行，布局时从上到下按顺序垂直显示在页面中。常见的块元素标签有 <p>、<ul>、<ol>、<li>、<table>、<h1> ~ <h6>、<hr>、<form>、<div> 等。

在布局过程中，最常用到的块元素是 <div> 标签。<div> 与 </div> 之间相当于一个容器，容纳段落、标题、表格、图片、文本、列表等各种 HTML 元素。

2）行内元素

行内元素（Inline Element）也称为内联元素或内嵌元素，行内元素所控制的内容与标签外的内容同处一行，从左到右在水平方向将内容显示出来，一般不可以设置自己的宽度、高度、对齐等属性。常见的行内元素标签有 <a>、<b>、<strong>、<img>、<input>、<small>、<select>、<textarea>、<span> 等。

其中，<span> 标签也与 <div> 标签一样，作为容器广泛用在 HTML 的页面布局中。不同的是 <div> 标签属于块元素，<span> 标签属于行内元素。<span> 和 </span> 之间只可以包含文本和各种行内标签。通常，对于页面中大的区域常常使用 <div> 标签，需要单独设置样式的小元素（如一个词语、一个符号、一张图片等）使用 <span> 标签。

3）元素转换

如果块元素想具有行内元素的特性，或者行内元素想具有块元素的特性，可以使用元素的 display 属性实现元素的转换，语法格式如下：

```
选择器{display:属性值;}
```

其中，常用的属性值有 none（此元素不会被显示）、block（此元素将显示为块级元素，此元素前后会带有换行符）、inline（此元素会被显示为行内元素，元素前后没有换行符）、inline-block（行内块元素）。

3. 标准文档流

标准文档流是指在不使用与排列和定位相关的 CSS 规则的情况下，将网页元素按照代码中块元素从上到下、行内元素从左到右的顺序解析并依次显示出来的方式，可以认为标准文档流是网页布局的默认模式。

例如，<div> 默认占用的宽度位置是一整行，<p> 标签默认占用宽度也是一整行（因为 div 标签和 p 标签是块状对象）这两个标签中的内容就会依次自上而下垂直排列下来，网页中大部分对象默认是占用文档流的，也有一些对象是不占文档流的，如表单中的隐藏域。

4. 页面布局举例

接下来结合本小节介绍的盒子模型、块元素、行内元素、标准文档流的知识点练习一个案例。

1）盒子模型布局

新建“页面布局举例.html”页面，使用盒子模型设计页面结构，对于区域设计，使用了块元素 <div> 标签，将页面分为 header、content、footer 三大部分，代码如下：

```
<div id="header"></div>
<div id="content">
   <div class="content_top"></div>
   <div class="content_bottom"></div>
</div>
<div id="footer"></div>
```

2）编辑 HTML 部分

采用标准文档流的方式继续编辑“页面布局举例.html”页面，代码如下：

```
<body>
<div id="header">页面布局<span>举例</span></div>
<div id="content">
   <div class="content_top">页面上部内容</div>
   <div class="content_bottom">页面底部内容</div>
</div>
<div id="footer">页面信息版权</div>
</body>
```

其中，用到了 <div> 容器的嵌套，添加 <span> 行内元素。块元素和行内元素分别按照从上到下、从左到右的解析顺序显示出来，即标准文档流的显示特点。

3）CSS 样式

采用内嵌式的方式，向页面添加 CSS 样式，例如：

```
#header{width:1000px;height:100px;background-color:#FCEAA9;}
#header>span{font-weight:bold;font-size:30px;}
```

```
    #content{width:1000px;height:300px;}
    .content_top{width:800px; height: 200px; border-color: red; border-width: 2px;border-style: solid;}
    div{text-align: center;}
```

保存文件，浏览页面，效果如图 4.4 所示。

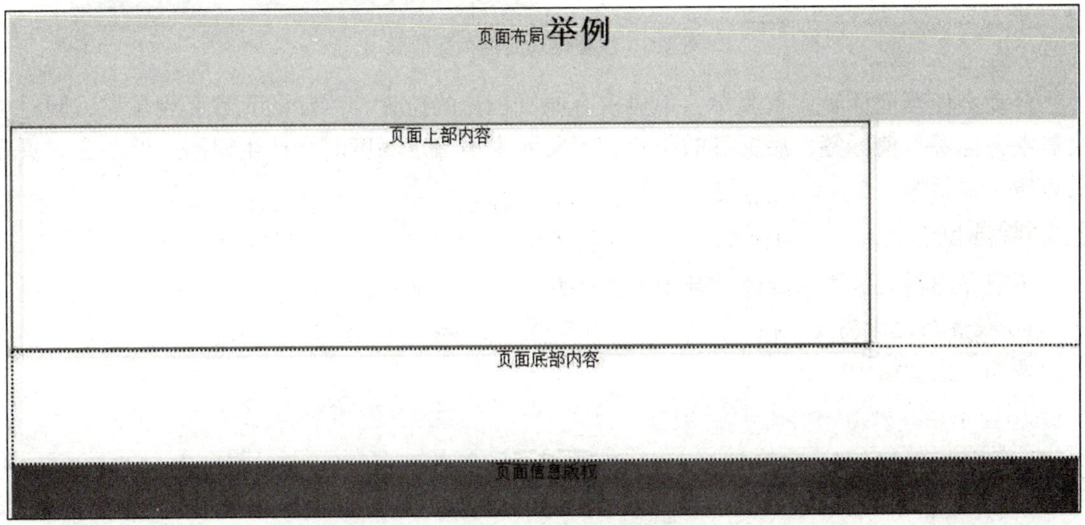

图 4.4　页面布局举例效果

4.1.4　扩展：浮动问题

1. 浮动

在标准流的布局中，块元素的内容是从上到下垂直显示的，那么，如果想让块元素在同一行显示怎么办呢？当然，可以通过将元素边距的属性值灵活设置为正数或负数来调整盒子的位置。除此之外，还有一种更为便捷、通用的方法，就是使用 CSS 的浮动属性。浮动 float 的属性值有 3 种：left（元素向左浮动）、right（元素向右浮动）、none（元素不浮动，默认值）。

例如，在一个没有设置浮动的页面中，制作了 3 个 <div> 容器，如图 4.5 所示。

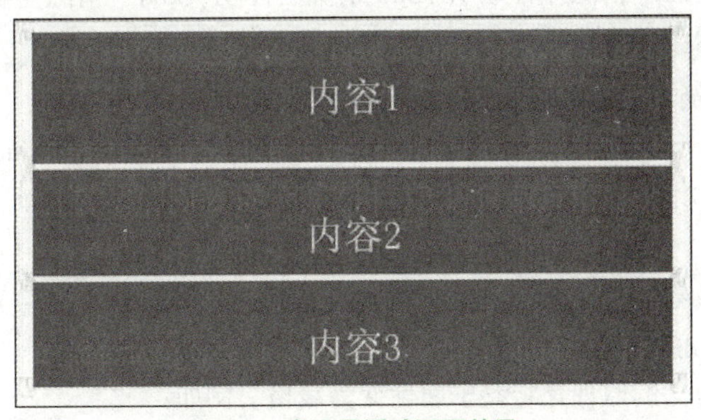

图 4.5　未设置浮动页面效果

在 <div> 标签样式里加入代码：

```
div{float: left;}
```

页面结构发生了很大变化，如图 4.6 所示，这就是浮动在布局方面的优势。

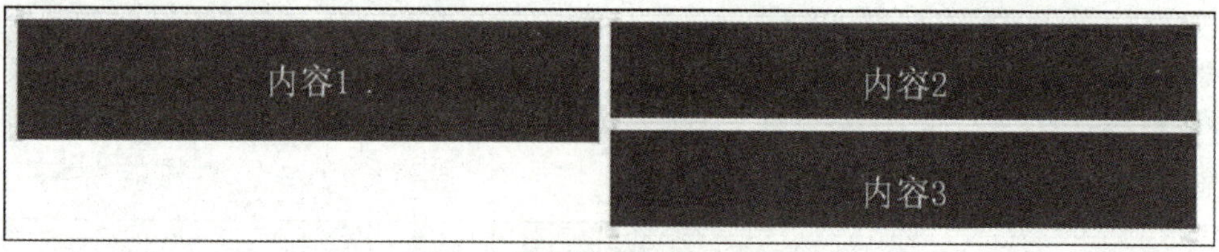

图 4.6　设置浮动后的页面效果

浮动会使当前标签元素脱标，不再占有原文档流的位置，浮动的元素互相贴靠，同时也会影响父标签、前标签、后标签的位置，当父元素不指定高度时会产生塌陷，浮动会对页面的排版产生影响。

2. 清除浮动

下面介绍在 CSS 中清除浮动常用的 5 种方法。

1）设置父元素高度

例如：页面结构如下：

```
<div class="div1">div1
   <div class="left">left</div>
   <div class="right">right</div>
</div>
<div class="div2">div2</div>
```

设置“left”“right”盒子的浮动效果后，父元素的高度会产生塌陷，解决方法如下：

```
.div1{background:red; height:200px;}    /* 设置父元素高度解决塌陷问题 */
.div2{background:green;}
.left{float:left;width:20%;height:200px;background:white;}
.right{float:right;width:30%;height:80px;background:black;}
```

2）添加空元素

在浮动的盒子之下再放一个标签，在这个标签中使用 clear 属性清除浮动对页面的影响，clear 有 3 种属性值：left（清除左浮动）、right（清除右浮动）、both（清除左右两侧浮动）。例如：

```
.div3{clear:both;}
```

3）使用父元素的 overflow 属性

overflow 属于用于内容溢出元素边框的时候。常用属性值有 2 个：hidden（内容会被隐藏）、auto（浏览器会显示滚动条以查看被隐藏内容），给浮动元素的容器添加这两种属性值都可以清除浮动，例如：

```
.over{overflow:hidden;}
```

4）父元素设置 display:table

这种清除浮动方法的原理是将盒子属性变为表格，例如：

```
.div1{border:1px solid red;width:98%;display:table;margin-bottom:10px;}
```

5）使用伪元素 after 和 zoom

顾名思义，after 是“后来”的意思，也就是通过伪元素 after 来定义浮动后的效果。例如：

```
    .clearbox:after {content:"."; display:block; height:0; visibility:hidden;
clear:both; }
    .clearbox{*zoom:1; }
```

注意：

“clear：both”用来闭合浮动的，其他代码都是为了隐藏掉 content 生成的内容。

zoom 主要是为了兼容 IE 做出的设定。

浮动属性使用得当可以使页面布局灵活多样，使用不当对页面排版起到反作用，希望大家一定要勤加练习。

4.1.5　案例练习

扫一扫：查看分析和解答（1）

（1）对“西游影视”页面（xyys.html）进行布局，要求：头部、正文、尾部三部分，其中正文分左、右两栏。

（2）浮动练习：设计 9 个矩形，使之如九宫格状态排列。

扫一扫：查看分析和解答（2）

4.2　【案例10】CSS三种定位

4.2.1　案例分析——定位“西游人物”

1. 需求分析

CSS 为定位和浮动提供了一些属性，利用这些属性，可以建立列式布局，将布局的一部分与另一部分重叠，还可以完成通常需要使用多个表格才能完成的任务。定位的基本思想很简单，它允许定义元素框相对于其正常位置应该出现的位置，或者相对于父元素、另一个元素甚至浏览器窗口本身的位置来定位。CSS 的定位功能非常强大，在本节中，将通过对“西游人物”页面中遇到的各种元素的定位来介绍 CSS 的定位功能。西游人物页面效果如图 4.7 所示。

图 4.7　西游人物页面效果

2. 设计思路

（1）使用 <div> 标签构建 HTML 结构。

（2）构建 CSS 样式。

4.2.2 实现步骤

1. 构建 HTML 结构

使用 <div> 标签构建“西游人物”页面的整体布局。在 4.2.1 节中已经介绍过，一个页面分为 3 个部分：头部 header、正文 content、尾部 footer。根据页面的具体需求，进一步细致划分这 3 个部分，如图 4.8 所示。

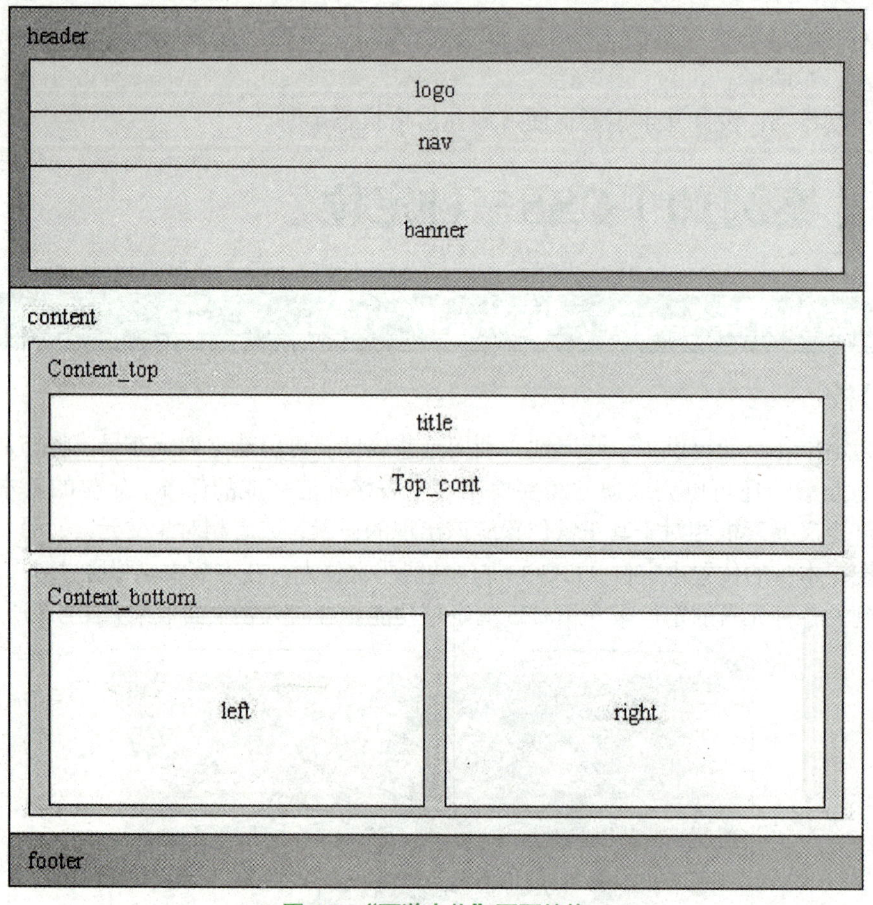

图 4.8 “西游人物”页面结构

使用 <div> 标签，将页面布局结构体现到 HTML 文件中，代码如下：

```
<div id="header">
   <div class="logo"></div>
   <div class="nav"></div>
   <div class="banner"></div>
</div>
<div id="content">
```

```
    <div class="content_top">
    <div class="title"></div>
    <div class="top_cont"></div>
</div>
<div class="content_bottom">
    <div id="left"></div>
    <div id="right"></div>
</div>
```

2. HTML 部分

新建 xyrw4-2.html 文件，编辑 HTML 页面。例如 footer 部分，代码如下：

```
<div id="footer">您的位置：西游人物 <br/>
    <div class="rights">
    <p>Copyright©2017-2018  All Rights Reserved 移动 WEB 开发教材 <br/> 隐私权政策
</p>
    </div>
</div>
```

3. CSS 部分

继续编辑 xyrw4-2.html 文件，注意各个元素定位的使用。例如：

```
.logo{height: 40px;position: absolute; top: 0px;left: 5px; } /* 绝对定位 */
.content_bottom #left {width: 500px; position: relative;top: 0px; left:
-330px;}                                         /* 相对定位 */
```

保存文件，在浏览器中浏览，可以得到图 4.7 的最终效果。

4.2.3 知识点讲解——三种定位

在本节案例中，用到了 CSS 中对块元素的 3 种定位方式:相对定位、绝对定位、固定定位。

在 HTML 中，除非专门指定，否则所有元素都在标准文档流中定位。块元素从上到下依次排列，行内元素在一行中水平排列，元素框的位置由元素在 HTML 文档中的位置决定。元素做定位时都需要使用 position 属性，position 属性语法结构如下：

```
块元素选择器 {position: 属性值 ; }
```

position 常用的属性值：relative（相对定位）模式、absolute（绝对定位）模式、fixed（固定定位）模式。选中定位模式后通过边偏移属性 top、bottom、left、right 来精确定位元素的位置，边偏移属性值可以是正数、0、负数。

1. 相对定位

相对定位是一个非常容易掌握的概念，指的是相对元素自身在标准文档流中的位置进行定位，定位后，文档流中仍然保留该元素位置。

如果对一个元素进行相对定位，它将出现在标准文档流中它所在的位置上。然后，通过设置垂直或水平位置，让这个元素相对于它的起点进行移动。例如，将 top 设置为 -20px，那么元素框将出现在距离原位置顶部上面 20px 的地方，将 left 设置为 30px，那么元素框会出现在距离原位置左边 30px 处，也就是将元素向右移动 30px，效果如图 4.9 所示。

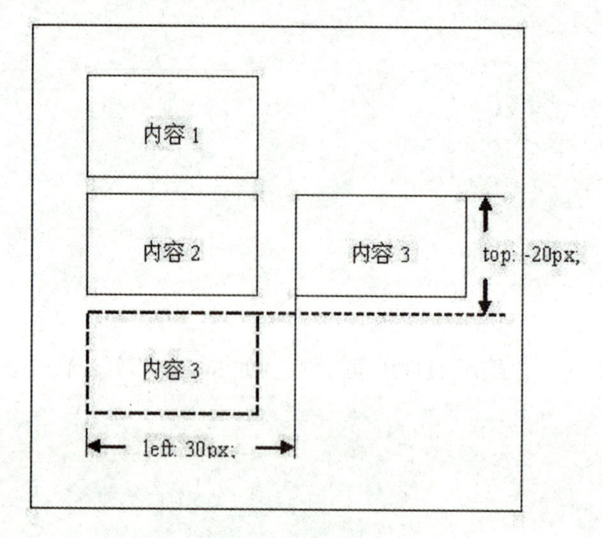

图 4.9　相对定位

代码如下：

```
.content3{position:relative; top:-20px;left:30px;}
```

2. 绝对定位

绝对定位使元素的位置与文档流无关，因此不占据空间。绝对定位的元素位置相对于最近的已定位祖先元素，如果元素没有已定位的祖先元素，那么它的位置相对于最初的包含块。

例如，已知在 div 中有内容 1、内容 2 两部分，要求采用绝对定位的方法对内容 2 的位置进行定位。如果设置 left:40px、top:20px，会出现如图 4.10 所示的效果。

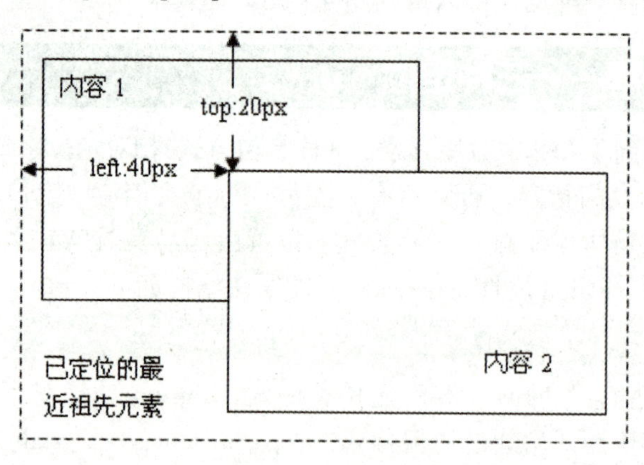

图 4.10　绝对定位

代码如下：

```
.content2{position:absolute; top:20px;left:40px;}
```

3. 固定定位

固定定位元素的位置是脱离标准文档流的，相对浏览器窗口来定位的。页面如何滚动，这个盒子显示的位置不变。

例如，要求采用固定定位的方法对内容 2 的位置进行定位。如果设置 left:40px、top:20px，则会出现如图 4.11 所示的效果。

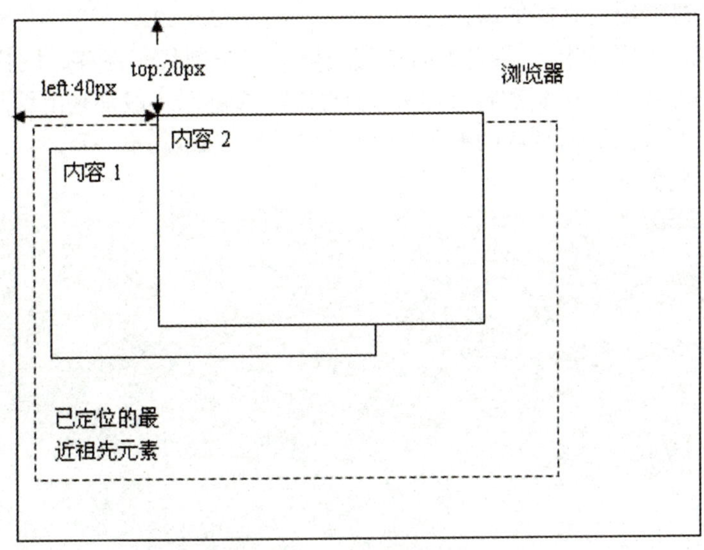

图 4.11　固定定位

代码如下：

```
.content2{position:fixed;top:20px;left:40px;}
```

4. z-index

当对多个元素同时进行绝对定位时，定位元素之间可能会出现重叠的问题，可以通过设置 z-index 属性来控制元素的堆叠次序。例如：

```
div1{z-index: 2;}
```

z-index 属性值只能是整数，可以是正数也可以是负数，默认值为 0，取值越大，定位元素在层叠元素次序中越居上。

注意：浮动元素不能使用该属性。

4.2.4　案例练习

扫一扫：查看分析和解答（1）

扫一扫：查看分析和解答（2）

（1）导航条的位置在页面很关键，会影响到页面的互动灵活性。利用 CSS 的定位知识，试着做一个固定在页面顶端的导航条吧！

（2）在同一个页面中，利用 div 元素对比相对定位、绝对定位和固定定位的区别。

4.3　【案例11】HTML5

4.3.1　案例分析——解决页面乱码的问题

1. 需求分析

学习 HTML 有很多种软件，如记事本、Dreamweaver，也可以使用 Eclipse、Visual Studio

等工具，还可以使用本书所使用的 Sublime 工具。出现中文乱码的问题不仅是一个只在 HTML 网页文件中才会出现的问题，可以说在计算机内涉及中文显示或输出都可能出现这种问题，如数据库的存储、高级语言代码的编写等。

计算机在存储文件的时候，会将页面内容编译成二进制代码保存，同样在显示输出时，再通过相应的编码方式将二进制数解析回去。HTML 中文乱码一般都是由编码不一致造成的，大多是因为代码声明或浏览器默认的编码与文件保存的实际编码不一致。

例如，现有代码如下：

```
<!DOCTYPE html>
<html>
<head>
   <title> 页面乱码问题 </title>
</head>
<body>
   <div> 我喜欢《西游记》这本书。</div>
</body>
</html>
```

保存文件，浏览效果如图 4.12 所示。

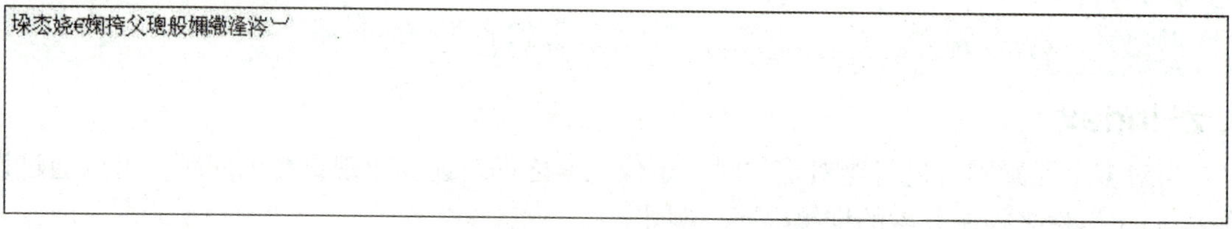

图 4.12　乱码页面

其中页面标题和内容都显示为乱码，需要解决这个乱码问题，使文字能够正常显示。

2. 解决思路

（1）分析语言特点。

（2）分析编码格式。

（3）分析案例中代码出现的问题并改正。

4.3.2　实现步骤

页面编写完成后，浏览出现乱码的情况不是很少见，解决的方法就是自己选定一下中文的编码方式，使代码中声明的编码和文件保存的编码一致，这样就不会出现乱码的现象了。

在本案例中，有两种常用的解决方法。

1. 菜单操作

在出现乱码的页面，选择“保存编码”级联菜单中的“UTF-8 包含 BOM”选项，如图 4.13 所示。

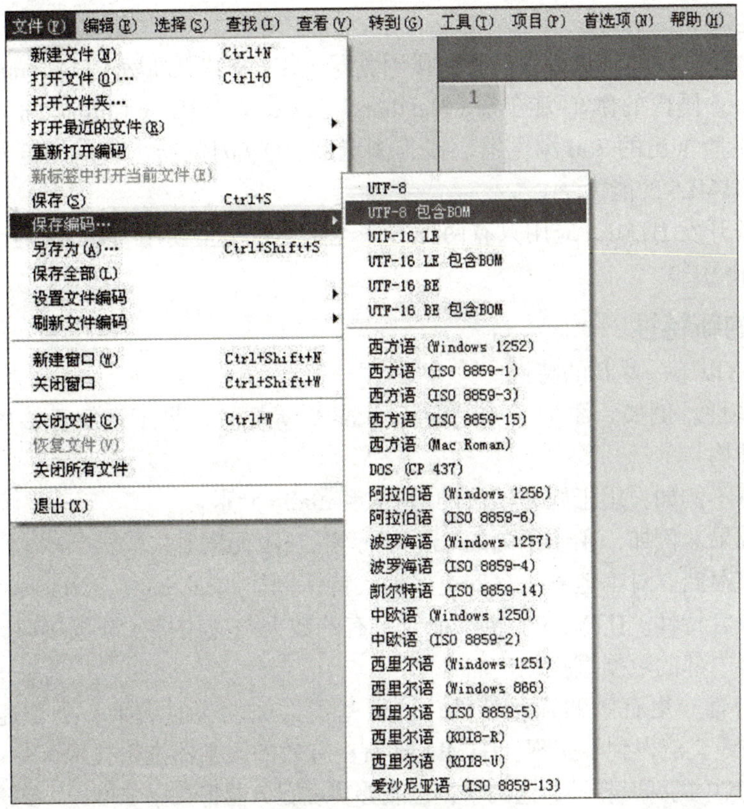

图 4.13　保存编码

2. 编写代码

在 <head></head> 中间加入代码，代码如下：

```
<head>
  <meta charset="utf-8" >          <!-- 该代码等价于 " 菜单操作 " 的效果 -->
  <title> 页面乱码问题 </title>
</head>
```

<meta charset= “utf-8” > 起到了声明字符集使用 utf-8 的作用。保存文件，浏览效果如图 4.14 所示。

我喜欢《西游记》这本书。

4.14　正常显示的页面

4.3.3　知识点讲解——HTML5新增元素和<meta>标签

1. HTML5

HTML5 是万维网的核心语言，标准通用标记语言下的一个应用超文本标记语言（HTML）的第五次重大修改。2014 年 10 月 29 日，万维网联盟宣布，经过接近 8 年的艰苦努力，该标准规范终于制定完成。

支持HTML5的浏览器包括Firefox(火狐浏览器)、IE9及其更高版本、Chrome(谷歌浏览器)、SaFari、Opera等；国内的傲游浏览器（Maxthon），以及基于IE或Chromium（Chrome的工程版或称实验版）所推出的360浏览器、搜狗浏览器、QQ浏览器、猎豹浏览器等国产浏览器同样具备支持HTML5的能力。

在移动设备开发HTML5应用只有两种方法，要不就是全使用HTML5的语法，要不就是仅使用JavaScript引擎。

2. HTML5的新特性

HTML5中有以下一些新的特性。

（1）语意特性。例如，添加了<header>、<nav>等标签，易于理解标签内的设定内容属于哪部分页面结构。

（2）多媒体。例如，用于媒介回放的video和audio元素。

（3）图像效果。例如，用于绘画的canvas元素、svg元素等。

（4）离线和存储。对本地离线存储更好地支持，例如local Store、Cookies元素等。

（5）设备兼容特性。HTML5提供了前所未有的数据与应用接入开放接口，使外部应用可以直接与浏览器内部的数据直接相连。

（6）连接特性。更有效的连接特性，使得基于页面的实时聊天、更快速的网页游戏体验、更优化的在线交流得到了实现。HTML5拥有更有效的服务器推送技术，Server-Sent Event和WebSockets就是其中的两个特性，这两个特性能够实现服务器将数据“推送”到客户端的功能。

（7）性能与集成特性。HTML5会通过XMLHttpRequest2等技术，使Web应用和网站在多样化的环境中更快速地工作。

3. HTML5的新标签

HTML5增加了一些新的标签元素用于方便页面制作。

（1）多媒体，如<audio></audio>、<video><video>、<source></source>、<embed></embed>、<track></track>。例如：

```
<video src="movie.ogg" controls="controls">
```

（2）新表单元素，如<datalist>、<output>、<keygen>。

（3）新文档节段和纲要，如<header>页面头部、<section>章节、<aside>边栏、<article>文档内容、<footer>页面底部、<section>章节、<aside>边栏、<article>文档内容、<footer>页面底部等。

HTML5标签增添了语义化，使得代码的可读性增强。例如，在HTML5出来之前，用div划分页面结构，表示页面章节，但是这些div在名称上都没有实际意义。

划分页面结构，在HTML5出现之前，常规代码如下：

```
<div class="header"></div>
<div class="nav"></div>
<div class="footer"></div>
```

在HTML5中代码如下：

```
<header></header>
```

```
<nav></nav>
<footer></footer>
```

对比两种代码的书写形式，很明显 HTML5 写的语句可读性更好。

4. <meta> 标签

在 HTML 文档中，<meta> 标签位于文档的头部，不包含任何内容，可以重复出现。<meta> 标签的属性定义了与文档相关联的名称 / 值对，提供有关页面的元信息，如针对搜索引擎和更新频度的描述和关键词。

<meta> 标签的常用属性有 charset（定义文档的字符编码）、content（定义与 http-equiv 或 name 属性相关的元信息）、http-equiv（把 content 属性关联到 HTTP 头部）、name（把 content 属性关联到一个名称）。

1）文档描述

在该例中，description 用于记录本页面的概要与描述，代码如下：

```
<meta name="description" content="HTML examples">
```

2）定义关键字

网站关键字就是一个网站给首页设定的、以便用户通过搜索引擎能搜到本网站的词汇，网站关键字代表了网站的市场定位，例如：

```
<meta name="keywords"  content="HTML,meta">
```

3）定义字符编码

在该例中，使用 <meta> 定义页面保存时使用的字符编码方式，代码如下：

```
<meta charset="utf-8">       /*HTML5 中可以这样直接定义字符编码 */
```

这是 HTML 页面中避免乱码的有效方法。代码指定了当前文档所使用的字符编码 utf-8，根据这一行代码，浏览器就可以识别出这个网页应该用中文简体字符显示。

字符编码格式有很多种，下面列举常见的编码类型：

（1）汉字编码。字符必须编码后才能被计算机处理。计算机使用的默认编码方式就是计算机的内码，根据国标码的规定，每一个汉字都有了确定的二进制代码，在微机内部汉字代码都用机内码，在磁盘上记录汉字代码也使用机内码。

交换码（国标码），计算机内部处理的信息都是用二进制代码表示的，汉字也不例外。而二进制代码使用起来是不方便的，于是需要采用信息交换码。中国标准总局 1981 年制定了中华人民共和国国家标准 GB2312—1980《信息交换用汉字编码字符集——基本集》，即国标码。

汉字编码从 ASCII、GB2312、GBK 到 GB18030，这些编码方法是向下兼容的，即同一个字符在这些方案中总是有相同的编码，后面的标准支持更多的字符。在这些编码中，英文和中文可以统一地处理。区分中文编码的方法是高字节的最高位不为 0。按照程序员的称呼，GB2312、GBK 到 GB18030 都属于双字节字符集（DBCS）。

（2）Unicode。Unicode（称为统一码、万国码或单一码）是一种在计算机上使用的字符编码，Unicode 的全名是“Universal Multiple-Octet Coded Character Set”，简称 UCS。Unicode 是为了解决传统的字符编码方案的局限而产生的，它为每种语言中的每个字符设定了统一并且唯一的二进制编码，以满足跨语言、跨平台进行文本转换、处理的要求。1990 年开始研发，1994 年正式公布。

（3）UCS。国际标准 ISO 10646 定义了通用字符集（Universal Character Set,UCS），UCS 是所有其他字符集标准的一个超集。它保证与其他字符集是双向兼容的，也就是说，如果把任何文本字符串翻译到 UCS 格式，然后再翻译回原编码，将不会丢失任何信息。UCS 规定了怎么用多个字节表示各种文字。UCS 常用的两种格式：UCS-2 和 UCS-4。顾名思义，UCS-2 就是用两个字节编码，UCS-4 就是用 4 个字节（实际上只用了 31 位，最高位必须为 0）编码。UCS-2 有 65536 个码位，UCS-4 有 2147483648 个码位。

（4）UTF 编码。UTF 是 UnicodeTransformationFormat 的缩写，意为 Unicode 转换格式。常见的 UTF 规范包括 UTF-8、UTF-7、UTF-16。IETF 的 RFC2781 和 RFC3629 以 RFC 的一贯风格，清晰、明快又不失严谨地描述了 UTF-16 和 UTF-8 的编码方法。

4.4 【案例12】外联式“西游首页”页面

4.4.1 案例分析——重做“西游首页”页面

1. 需求分析

在第 2 章，简单制作了“西游首页”的页面，如图 2.8 所示的首页页面。经过一段时间的学习，是不是认为做的有些粗糙呢？在本节中，将利用布局、盒子模型、CSS 样式等知识重新制作“西游首页”，主要练习链接式的 CSS 样式，最终效果如图 4.15 所示。

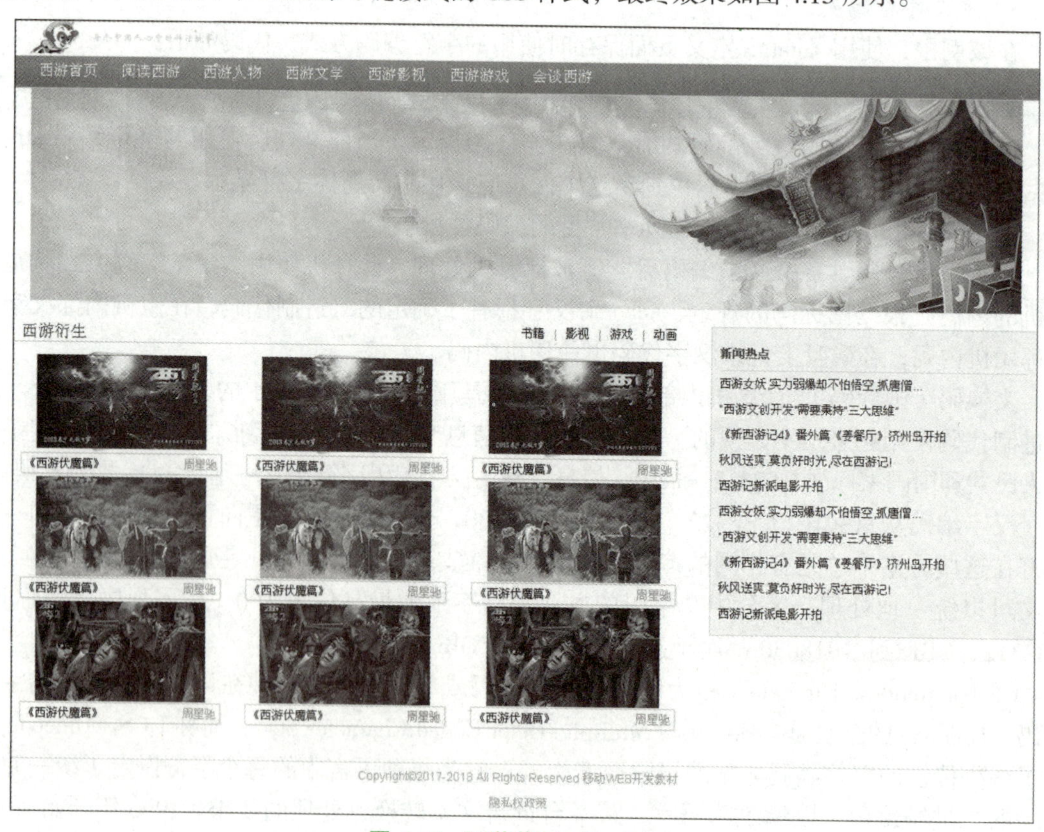

图 4.15　西游首页 index.html

2. 设计思路

（1）模块分析。

（2）HTML 部分，编写 HTML 代码。

（3）CSS 部分，编写 CSS 样式。

4.4.2　实现步骤

搜索、制作相关的文字、图片素材。接下来正式开始制作首页页面。

1. 搭建页面整体框架

使用 <div> 标签构建“西游人物”页面的整体框架。如图 4.16 所示。

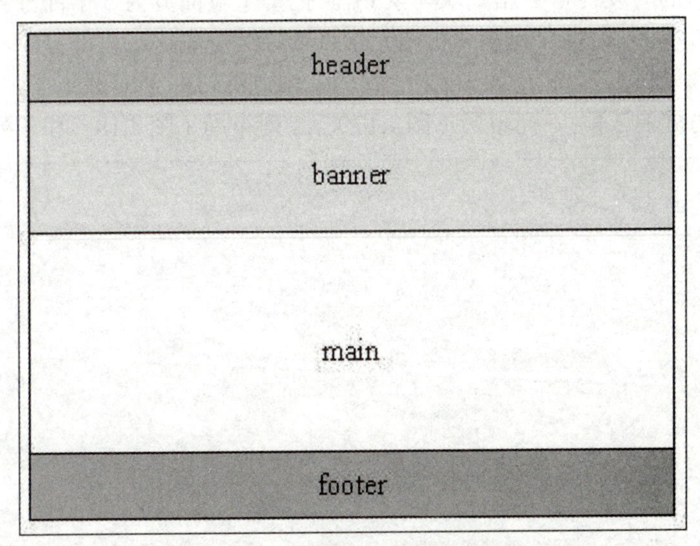

图 4.16　“西游首页”页面结构图

2. HTML 部分

打开 index.html 文件，继续编辑，HTML 代码如下：

```
<header></header>
<banner></banner>
<div class="main"></div>
<footer></footer>
```

3. CSS 部分

在本案例中，采用链接式的 CSS 引入方法制作页面样式。新建层叠样式表文件 main.css，将其保存在 css 文件夹中。

根据案例分析，设计了若干类，例如导航部分 CSS 代码如下：

```
#banner{height:250px;text-align:center;position:relative;}
```

脚注部分 CSS 代码如下：

```
#footer{border:1px solid #e7e7e7;margin-top:40px;}
#footer p{color:#acacac; line-height:30px; text-align:center;}
```

4. 链接样式表文件

页面做到现在，并不会出现想要的最终效果，原因在于还没有将 main.css 样式表文件链接进 index.html 页面文件中。链接代码写入 <head></head> 标签中，代码如下：

```
<link rel="stylesheet" type="text/css" href="css/main.css">
```

至此，CSS 样式就可以附着在 HTML 页面文件中，实现图 4.15 的效果。

4.4.3 知识点讲解——页面规划与链接CSS样式

1. 页面规划

在做页面规划的时候经常会用到块元素 div。把整个页面分为 3 个部分：头部 header、正文 content、尾部 footer，通过块元素和行内元素可以继续分隔这三大部分。

接下来结合盒子模型、块元素、行内元素的知识点练习一个案例。

常见的布局方式有 3 种:一列布局（图 4.17）、二列布局（图 4.18）和三列布局（图 4.19）。

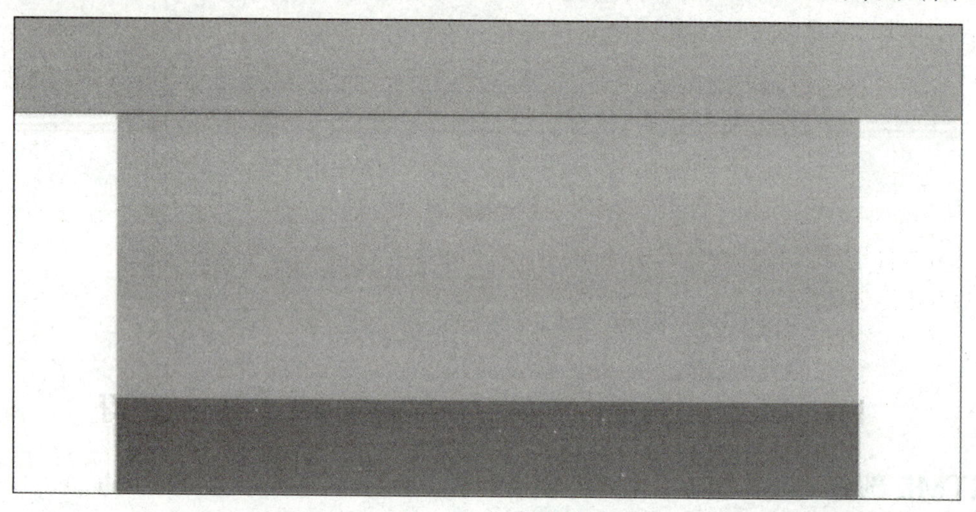

图 4.17 一列布局

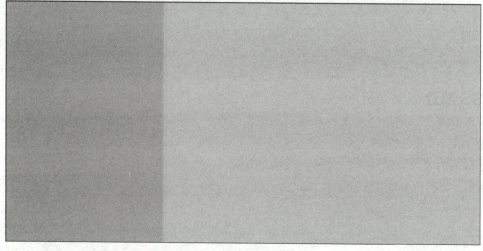

图 4.18 二列布局

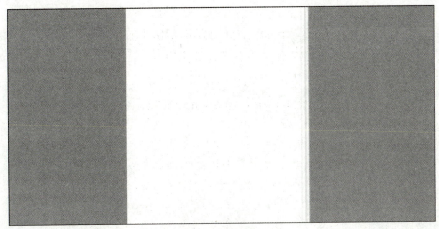

图 4.19　三列布局

2. 链接 CSS 样式

本案例中用到的链接式的 CSS 使用方法，在 3.1.3 节中介绍过。链接式 CSS 样式是在 HTML 文档中加载 CSS 规则的最常用的方法。两个文件在编写时互相独立，在使用这种方法时，千万不要忘记链接语句。

4.4.4　案例练习

页面的合理规划和 CSS 样式的使用在理论上比较简单，但应用范围广泛，形式灵活多样，多加练习才能体会到两者结合给开发者带来的便利。

扫一扫：查看分析和解答

按照本节介绍的方法，将“西游文学”页面进行规划并制作。

第5章

表格与表单

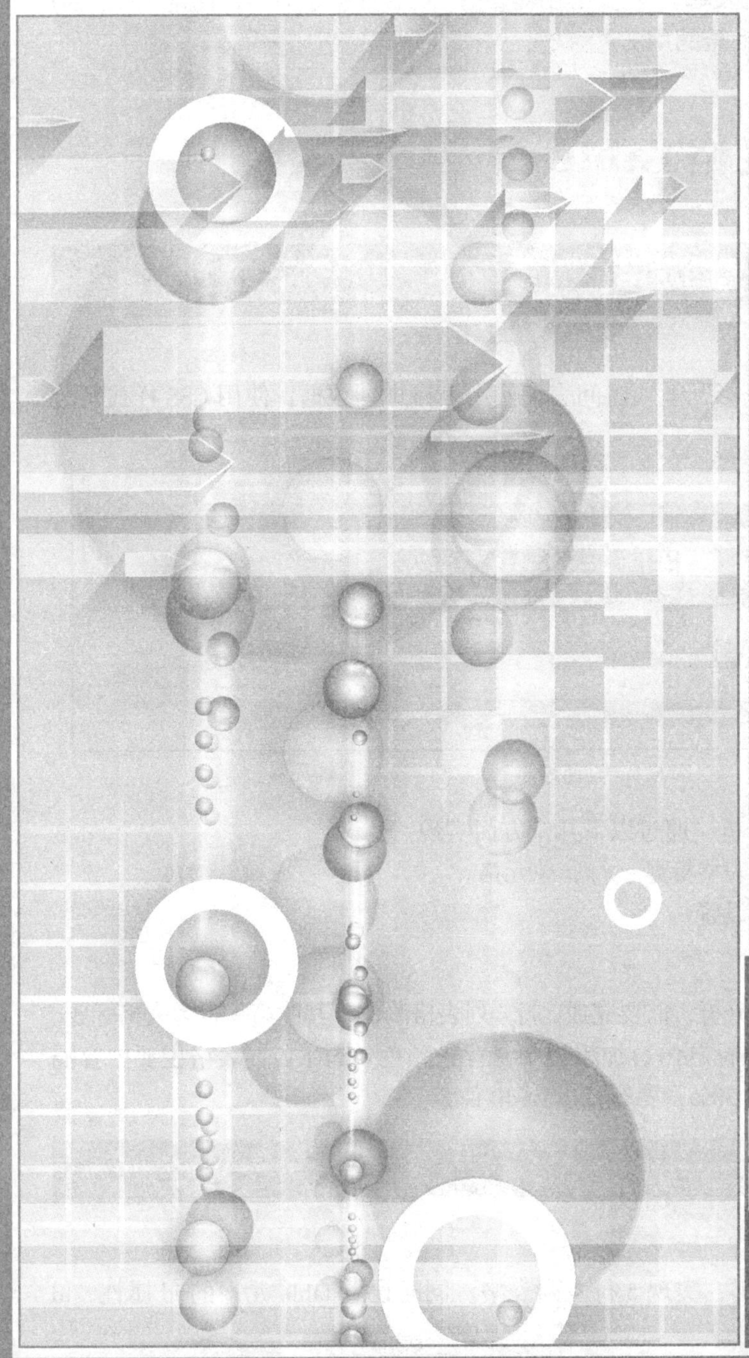

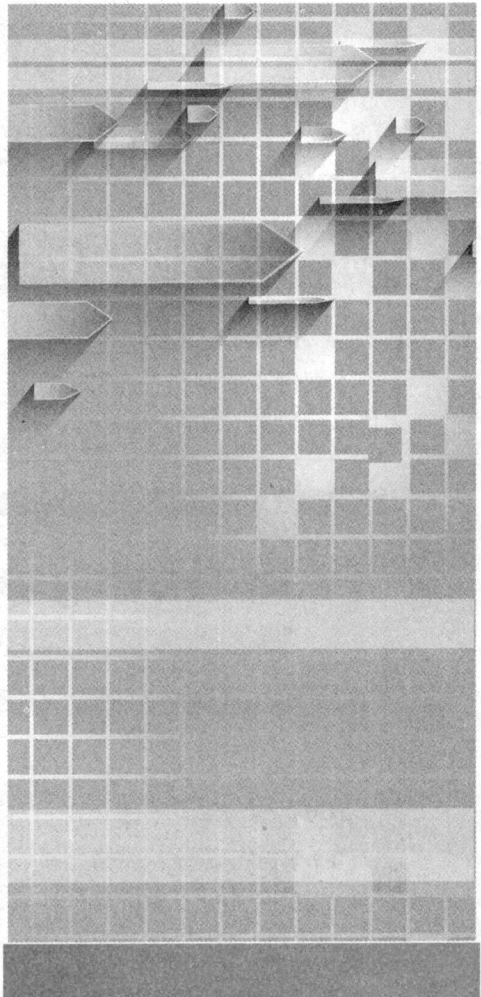

随着 Div+CSS 技术的发展，表格的网页布局地位被替代，但当想要排列数据信息时，表格仍然是最好的选择。而想要完成交互功能则离不开表单，打开电子邮箱时需要填写邮箱和密码，用户注册时需要填写基本信息等，都属于表单应用的例子。

本章重点 ⇨
1. 掌握表格标签。
2. 使用 CSS 美化表格。
3. 理解表单的工作原理。
4. 掌握表单标签的基本格式。
5. 使用 CSS 美化表单。
6. 掌握 <input> 标签的用法。

5.1 【案例13】表格Table

5.1.1 案例分析——制作“西游电影”表

1. 需求分析

本案例需要制作一张“西游电影”上映时间表，使用表格规划数据，使用 CSS 样式美化表格显示效果，如图 5.1 所示。

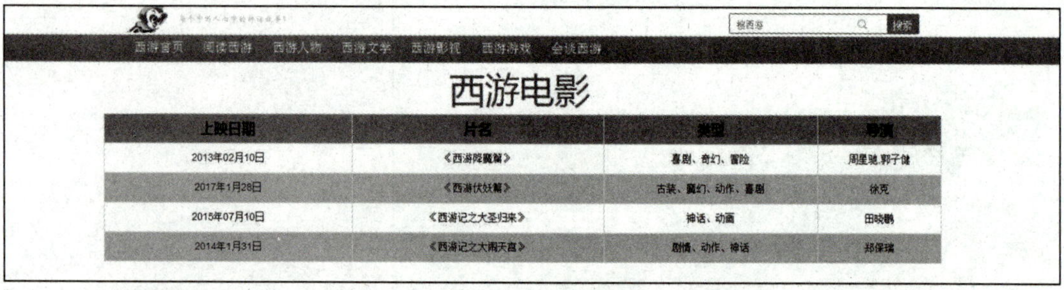

图 5.1 页面效果

根据最终效果，对案例进行分析，通过以下几个方面实现。

（1）HTML 部分：表格元素，表格标题、行、单元格。

（2）CSS 部分：表格进行样式设置。

2. 设计思路

（1）设计表格显示区域。根据分析，需要完成 5 行 4 列表格制作，其中第一行为表格标题。

（2）利用 CSS 美化页面。表格标题内容加粗居中，背景颜色 #25CE17，表格主要内容隔行变色。第一列和第二列的列宽为 30%，各行高度为 40 像素。

5.1.2 实现步骤

1.HTML 部分

新建 xydy.html 文件，编写代码，实现 5 行 4 列表格。同时设置 table 元素的 id 属性，td

元素的 class 属性。代码如下：

```
<!DOCTYPE html>
<html>
<head>…</head>
<body>
  <section id="main">
     <table id="dy">
     <caption>西游电影</caption>
     <tr><th class="a_c w30p">上映日期</th><th class="a_c w30p">片名</th><th>类型</th><th>导演</th></tr>
     <tr><td>2013年02月10日</td><td>《西游降魔篇》</td><td>喜剧、奇幻、冒险</td><td>周星驰，郭子健</td></tr>
     <tr><td>2017年1月28日</td><td>《西游伏妖篇》</td><td>古装、魔幻、动作、喜剧</td><td>徐克</td></tr>
     <tr><td>2015年07月10日</td><td>《西游记之大圣归来》</td><td>神话、动画</td><td>田晓鹏</td></tr>
     <tr><td>2014年1月31日</td><td>《西游记之大闹天宫》</td><td>剧情、动作、神话</td><td>郑保瑞</td></tr>
    </table>
  </section>
</body>
</html>
```

2. CSS 部分

新建样式 xydy.css 文件，完成表格样式设置，代码如下：

```
#dy{width:100%;text-align:center;}
caption{font-size:50px;font-family:"微软雅黑";color:#090;}
td,th{border:1px solid #e7e7e7;height:40px;}
th{font-size:20px;font-family:"微软雅黑";background:#25CE17;}
tr:nth-child(odd){background:#B6FEAD;}
table{border-collapse:collapse;}
.a_c{text-align:center;}
.w30p{width:30%;}
```

5.1.3 知识点讲解——表格知识

1. 表格要素

表格的用途很广，它可以将文本和图像能够按行、列排列，这样更有利于表达信息。可以用来显示数据也可以搭建网页的结构。

1）表格构成 3 个基本要素

最简单的表格仅包括行和单元格。构成表格的 3 个基本要素包括 table 标签、tr 标签、td

标签。

（1）table 标签：表格的范围，外框；用来定义表格，表格的其他元素包含在 table 标签里面。

（2）tr 标签：表格的行。

（3）td 标签：表格的单元格。

用一段程序说明最简单的表格用法：

```
<table>
<tr><td> 表项 1</td><td> 表项 2</td><td> 表项 3</td></tr>
<tr><td> 表项 1</td><td> 表项 2</td><td> 表项 3</td></tr>
</table>
```

2）th 元素

th 元素用来定义表格的标题单元格，是 tr 元素的子元素，必须放在 tr 标签里面；tr 元素的内容会自动居中对齐并加粗文字。

3）caption 元素

caption 元素用来为表格添加标题。

4）thead\tfoot\tbaody 元素

表格规范的写法应该包含 thead 元素（表格的表头）、tfoot 元素（表格的页脚）、tbody 元素（表格的主体）三部分内容。<thead>、<tfoot> 标签内部必须拥有 <tr> 标签。<thead> 标签不管放在 <table> 内的哪个位置，都会被定位到表格的头部，同理 <tfoot> 会被定位到底部。<thead>、<tbody>、<tfoot> 的结束标签为了精简，均可以省略。设置 <thead> 和 <tfoot> 的一个好处是，当打印很长的需要分页的表格时，每一页上都会有 <thead>、<tfoot> 的内容。

2. 合并单元格

1）colspan 属性：横向合并单元格

属性值为正整数，表示该单元格横向合并的列数，语法如下：

```
<td colspan="3"> 单元格 </td>
```

2）rowspan 属性：纵向合并单元格

属性值为正整数，表示该单元格纵向合并的行数，语法如下：

```
<td rowspan="3"> 单元格 </td>
```

3. 表格样式设置

根据不同的需要，有时需要对表格设置不同的样式，可以通过表格的属性设置也可以通过 CSS 进行设置。

1）表框样式

给整个表格加上 1 像素的黑色边框的 CSS 样式，设置如下：

```
table,table tr th, table tr td { border:1px solid #0094ff; }
```

2）边框合并

默认的表格样式边框是分离的，可以通过“border-collapse: collapse;”样式进行边框合并。

```
table,table tr th, table tr td { border:1px solid #0094ff; }
table {border-collapse: collapse;}
```

3）单元格间距与边距

（1）单元格间距：指表格中的单元格之间的空白量（以像素为单位）。可以通过单元格间距属性 border-spacing 进行设置。

注意：单元格间距必须在边框样式 border-collapse 为 separate 时设置。

```
table{border-spacing:20px; }
```

（2）单元格边距：单元格边框与单元格内容之间的空白量（以像素为单位）。可以通过单元格填充属性进行设置。

```
td{padding: 10px;}
```

4）常见表格样式设置案例

不带竖线的表格，通过为行 tr 设置边框效果实现。CSS 部分代码如下：

```
table {
  width: 300px;
  line-height: 2em;
  font-family: Arial;
  border-collapse: collapse;}
thead tr {
  color: #ae1212;
  border-bottom: 2px solid #980000;}
tbody tr {
  color: #bd3030;
  font-size: 0.8em;
  border-bottom: 1px solid #ffaeae;}
th {
  font-weight: normal;
  text-align: left;}
th,td {padding: 0 10px;}
```

不带竖线的表格效果如图 5.2 所示

表头1	表头2	表头3
表项1	表项2	表项3
表项1	表项2	表项3
表项1	表项2	表项3

图 5.2　不带竖线的表格效果

隔行变色的表格，通过 nth-child（ ）选择器实现。:nth-child（n）选择器匹配属于其父元素的第 *N* 个子元素，不论元素的类型。*n* 可以是数字、关键词或公式。

例如，CSS 部分代码如下：

```
table{
  width:500px;
  text-align:center;
```

```
    border-collapse:collapse;
    border-spacing:0;}
table th{
    background:#0090D7;
    font-weight:normal;
    line-height:30px;
    font-size:14px;
    color:#FFF;}
table tr:nth-child(2n){background:#F4F4F4; }
table td,table th{border:1px solid #EEE; }
```

隔行变色表格效果如图 5.3 所示。

表头1	表头2	表头3
表项1	表项2	表项3
表项1	表项2	表项3
表项1	表项2	表项3
表项1	表项2	表项3

图 5.3　隔行变色表格效果

5.1.4　案例练习

扫一扫：查看分析和解答（1）

（1）利用表格样式知识制作完成运动会项目表，如图 5.4 所示。

序号	项目	报名人数	单项设置	级别
1	100米跑	男：8人 女：6人	混合团体、男女个人	中年组、青少年组
2	800米跑	男：8人 女：6人	混合团体、男女个人	中年组、青少年组
3	4×400米接力	男：4人 女：4人	混合团体	中年组、青少年组
4	三级跳	男：8人 女：6人	男女个人	青少年组
5	撑杆跳	男：5人 女：5人	男女个人	青少年组
6	铅球	男：5人 女：5人	男女个人	中年组、青少年组
7	跳高	男：8人 女：8人	男女个人	中年组、青少年组
8	跳远	男：6人 女：6人	男女个人	中年组、青少年组

图 5.4　运动会项目表

扫一扫：查看分析和解答（2）

（2）利用表格单元格合并及表格样式知识制作软件下载表，如图 5.5 所示。

360安全卫士			
所属类别	系统安全工具	推荐等级	★★★★★
软件大小	6MB	上传时间	2017-12-06
应用平台	XP/2003/WIN7	软件语言	简体中文
总下载次数	123434	月下载次数	4546
简介	360安全卫士是一款由奇虎公司推出的功能强、效果好、受用户欢迎的上网安全软件。360安全卫士拥有查杀木马、清理插件、修复漏洞、电脑体检、电脑救援、保护隐私等多种功能，并独创了“木马防火墙”功能，依靠抢先侦测和云端鉴别，可全面、智能地拦截各类木马，保护用户的账号、隐私等重要信息。由于360安全卫士使用极其方便实用，用户口碑极佳，目前在4.2亿中国网民中，首选安装360安全卫士的已超过3.5亿。		

图 5.5　软件下载表

5.2 【案例14】表单form

5.2.1 案例分析——制作“西游登录”页面

1. 需求分析

本案例需要制作“西游登录”页面，用户可以输入用户名密码完成登录。效果如图 5.6 所示。

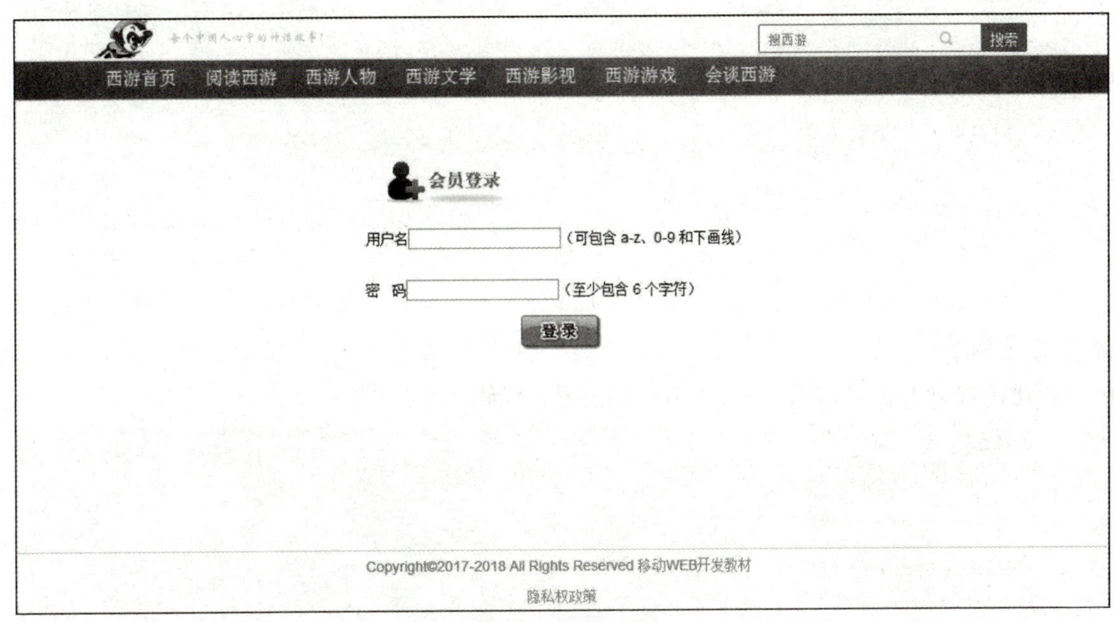

图 5.6　页面效果

根据最终效果，对案例进行分析，通过以下几个方面实现。

（1）HTML 部分：<input> 元素的输入框、按钮类型。

（2）CSS 部分：div 及列表样式设置。利用列表实现表单定位。

2. 设计思路

（1）设计表单显示区域。

（2）利用 CSS 美化页面。

5.2.2 实现步骤

1. HTML 部分

新建 login.html 文件，添加列表及表单元素。同时设置列表元素的 id 属性及 class 属性。代码如下：

```
<!DOCTYPE html>
<html>
<head>...</head>
```

```
<body>
<section id="main">
    <form action="login_success" method="post">
    <div class="login">
        <ul class="form">
        <img src="img/logintitle.gif" alt="会员登录" />
        <li class="login_list">用户名<input type="text" name="login" />(可
包含 a-z、0-9 和下划线)</li>
        <li class="login_list">密   码<input
type="password" name="pwd" />(至少包含 6 个字符)</li>
    <li class="a_c"><img src="img/login.gif" alt="登录" /></li>
  </ul>
    </form>
  </section>
</body>
</html>
```

2. CSS 部分

新建样式 xydy.css 文件，完成表格样式设置，代码如下：

```
.login{
  padding-top:60px;
  width:100%;
  height:400px;}
.login .form{
  margin:0px auto;
  width:35%;
  height:390px; }
.login img{
  padding-left:18px;}
.login_list{
  line-height:50px;}
.a_c{
  text-align:center;}
```

5.2.3 知识点讲解——form知识

1. 表单标签

表单用于在网页中主要数据的采集。<form> 是表单标签，其中包含很多表单控件，浏览者可以输入信息或者在选项中进行选择、提交操作，从而与服务器进行交互。

表单的基本语法格式如下：

```
<form name=" 表单名 " action="URL" method="get|post">
  …
</form>
```

name 属性：规定表单的名称。

action 属性：规定当提交表单时向何处发送表单数据。

method 属性：规定用于发送表单数据的 HTTP 方法。get 是从服务器上获取数据，post 是向服务器传送数据。

2. 表单元素

HTML 中 <input> 标签用于搜集用户信息，简单来说就是用户在网页输入的信息都是写在 <input> 标签中。<input> 的关键属性是 type，type 属性值有多种，如 text\password\radio 不同的属性值代表不同的表单元素，如文本框、密码框、单选按钮等。

例如，以下代码可以实现如图 5.7 所示的表单效果：

```
<form action="form_action.asp" method="get">
    <p> 用户名：<input type="text" name="name" /></p>
    <p> 密     码：<input type="password" name="pw" /></p>
    <input type="submit" value=" 提交 " />
</form>
```

用户名：

密　码：

提交

图 5.7 表单案例

HTML5 中新增的表单元素如下。

type 新增属性有 email、URL、date、time、month、week、number、range、color。

input 元素的新增属性有 Autocomplete、Autofocus、Form、Required、Pattern。

Autocomplete：自动完成功能。记录用户之前输入的内容，并在下次输入时自动提示完成输入。属性值为 on/off，可以在 form 表单上使用，对整张表单的所有控件进行自动完成的开关，也可以在 input 上使用，对特定输入框进行修改。

Autofocus：自动获得焦点。autofocus=”autofocus”只能设置 input 元素自动获得焦点。

Form：所属表单。通过 form 表单的 id，确定此 input 输入哪张表单。

Required：必填。required=”required”设置 input 必填，否则阻止提交。

Pattern：使用正则表达式验证 input 的模式

1）<input> 元素

<input> 元素用来定义输入字段，根据不同的 type 类型属性，输入字段可以是文本框、密码框、复选框、单选按钮、按钮、电子邮件、日期时间、文件域、隐藏域等。

（1）文本框和密码框。文本框输入的文字以标准的字符显示，格式如下：

```
<input type="text" name=" 文本框名 ">
```

密码框输入的文字显示为“*”，格式如下：

```
<input type="password" name=" 密码框名 ">
```

（2）单选按钮和复选框。用户可以通过单选按钮和复选框来选择项目。value 属性设置该选择按钮的值；checked 属性可以设置其默认选中项；name 属性是表单项的名称，同一组单选按钮或复选框名称是相同的。

单选按钮的格式如下：

```
<input type="radio" name=" 单选按钮名 " value=" 提交值 ">
```

复选框的格式如下：

```
<input type="checkbox" name=" 复选框名 " value=" 提交值 ">
```

（3）日期和时间选择器。HTML5 提供了多种日期时间选择器，选择器类型如下：

date：选取日、月、年。

month：选取月和年。

week：选取周和年。

time：选取时间（小时和分钟）。

datetime：选取时间日、月、年（UTC 世界标准时间）。

datetime-local：选取时间日、月、年（本地时间）。

日期和时间选择器的格式如下：

```
<input type=" 选择器类型 " name=" 选择器名 " >
```

（4）电子邮件输入框、URL 输入框及数值输入框。将 <input> 元素的 type 类型可以设置为 E-mail 地址、URL 地址或数值类型，当提交表单信息时会自动验证内容的合法性。

电子邮件输入框格式如下：

```
<input type="email" name=" 电子邮件输入框名 " >
```

URL 输入框格式如下：

```
<input type="url" name="url 输入框名 " >
```

数值输入框格式如下：

```
<input type="number" name=" 数值输入框名 " >
```

（5）范围滑动条。将 <input> 元素的 type 类型可以设置为 range 类型，并可以配合 max(最大值) min（最小值）step（数字间隔）value（默认值）属性来设置输入数字范围的滑动条。格式如下：

```
<input type=" range" name=" 范围滑动条名 " >
```

（6）隐藏域。隐藏域是用来收集或发送信息的不可见元素，如浏览者的用户名、用户 ID 等信息。对于网页的访问者来说，隐藏域是看不见的。当表单被提交时，隐藏域就会将信息用用户设置时定义的名称和值发送到服务器上。格式如下：

```
<input type=" hidden" name=" 隐藏域名 " value=" 提交值 " >
```

（7）文件域。文件域用于上传文件，将 <input> 元素的 type 属性设置为 file 类型，即可创建一个文件域。格式如下：

```
<input type=" file" name=" 文件域名 " >
```

（8）重置、提交和普通按钮。当浏览者完成表单信息填写，需要提交到 action 属性设置的页面时，可以将 <input> 元素的 type 类型设置为提交（submit）按钮。如果浏览者想要清除所有填写的表单内容，可以将 <input> 元素的 type 类型设置为重置（reset）按钮。如果需要制作普通按钮，可以将 <input> 元素的 type 类型设置为普通（butten）按钮。这 3 种按钮的格式如下：

```
<input type=" submit " name=" 文件域名 " >
<input type=" reset" name=" 文件域名 " >
<input type=" butten" name=" 文件域名 " >
```

2）选择栏 <select>

当浏览者选择的项目较多时可以采用 <select> 标签来设置选择栏。size 属性表示一次可显示的列表项目，如果取值大于 1，则为字段式显示效果，否则为默认弹出式效果；multiple 属性表示可选多个属性，否则只能单选。格式如下：

<select> 标签的格式为：

```
<select size="x" name=" 控制操作名 " multiple>
   <option …> … </option>
   <option …> … </option>
</select>
```

其中 <option> 标签可以通过 selected 属性规定在页面加载时预先选定该选项，被预选的选项会显示在下拉列表最前面的位置；可以通过 value 属性指定选项的初始值，如果省略则 option 选项中的内容为初始值。

<option> 标签的格式为：

```
<option selected="selected" value=" 可选择的内容 "> … </option>
```

3）多行文本域 <textarea>…</textarea>

当需要输入较多的文字时，则需要区域较大，允许成段文字的文本域。格式如下：

```
<textarea name=" 文本域名 " rows=" 行数 " cols=" 列数 ">
   多行文本
</textarea>
```

5.2.4　案例练习

扫一扫：查看分析和解答（1）

（1）制作“西游注册”页面，如图 5.8 所示。

（2）美化“西游注册”页面：在表单使用过程中，可以通过 CSS 样式控制表单样式，如表单控件长度，显示样式，背景色，表单的字体、行高等，如图 5.8 所示。

扫一扫：查看分析和解答（2）

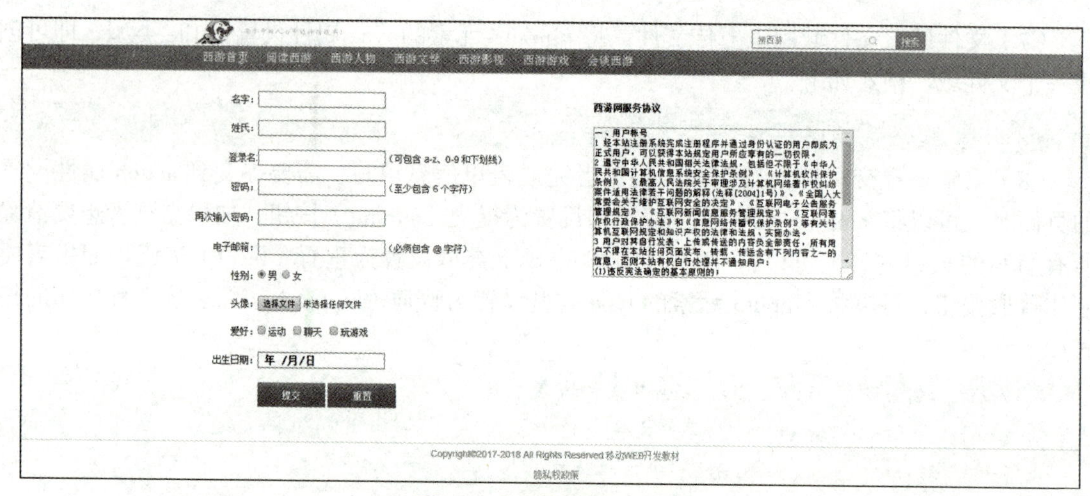

图 5.8 “西游注册”页面

扫一扫：
查看分析
和解答

第 6 章

实践响应式设计

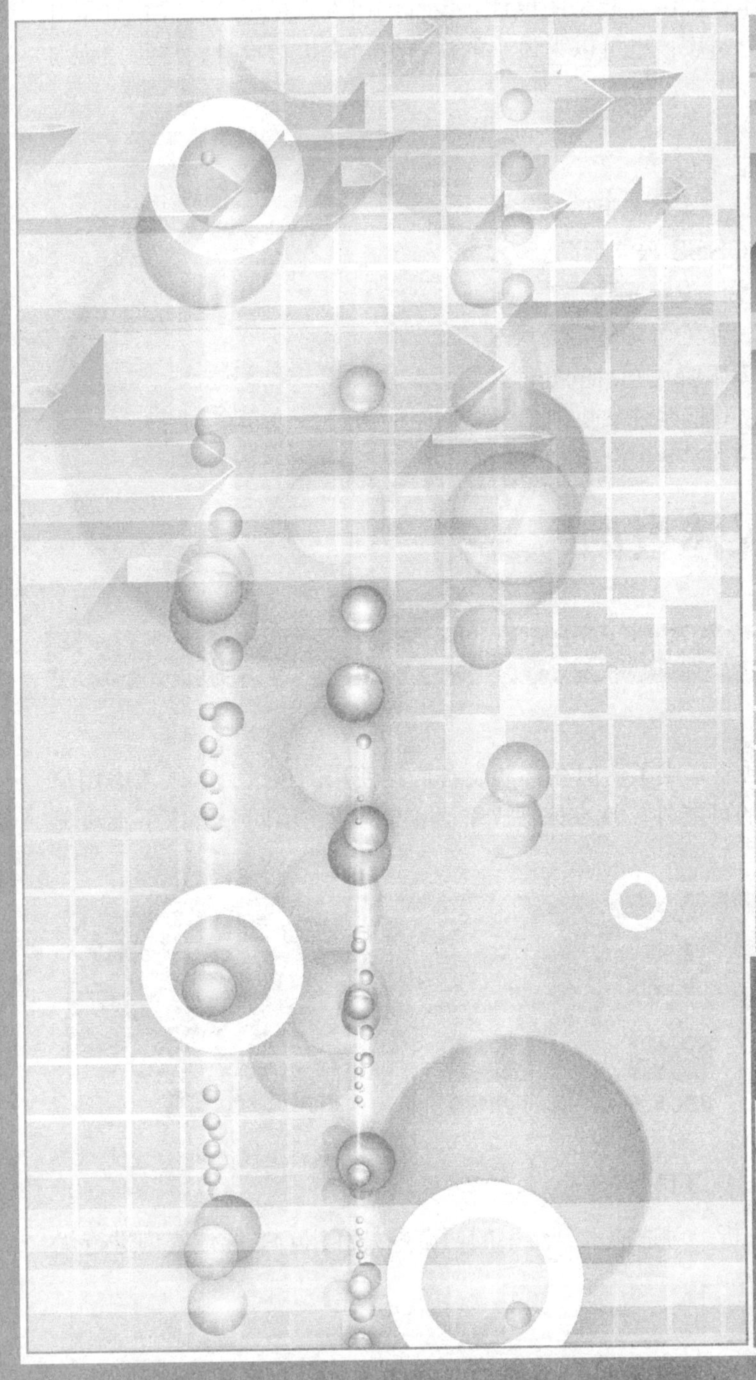

■【案例 15】媒体查询

■【案例 16】响应式布局

传统 Web 设计主要针对计算机端高分辨率的显示器，一般会采用固定宽度如业内流行的 960 像素。但随着智能手机的广泛普及，越来越多的人利用手机等小屏幕设备上网冲浪，百度最新大数据统计显示，35.87% 的用户上网设备分辨率为 360px × 640px。虽然手机浏览器会自动将标准网页缩小至与设备可视区域恰好匹配，用户可以进行放大浏览。但放大缩小会给用户操作带来负担，为了给用户更好的浏览体验，需要考虑网页在小屏幕中浏览时的显示效果。这种情况下有两种方案，如果预算充足，可以专门为小屏幕设备设计网站，但很多时候会采用第二种，利用 HTML5 和 CSS3 完成响应式设计。

所谓响应式设计，是指针对任何设备分辨率进行网页内容完美布局的一种设计方式，是将各种布局方式、弹性图片、媒体查询结合起来的设计。设计的出发点可以从计算机屏幕开始，逐步缩小重排适应未知设备分辨率；也可以为最小的设备分辨率进行设计，逐步增强对大屏幕设备的适应性。

本章重点 ⇨

1. 了解什么是响应式设计。
2. 理解响应式设计与媒体查询的关系。
3. 掌握如何构造 CSS3 媒体查询。
4. 掌握为特定的视口设定 CSS 样式。
5. 掌握固定布局转化为等量的相对尺寸。
6. 掌握不同分辨率下弹性图片的处理。
7. 能够使用 CSS 网格系统从头创建一个响应式布局。

6.1 【案例15】媒体查询

6.1.1 案例分析——响应式“西游首页”制作

1. 需求分析

适合计算机屏幕的西游网站已经完成了，但在移动设备广泛使用的今天，必须考虑用户使用手机等小屏幕设备访问网站的可能性。现在来改造“西游首页”，不同分辨率下首页显示效果如图 6.1 所示。

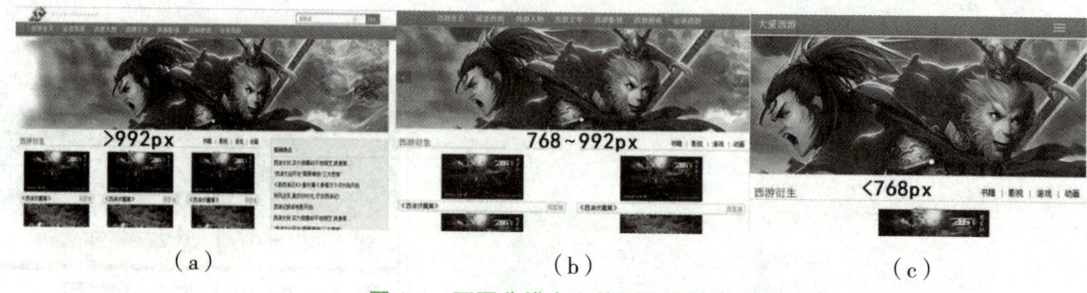

（a）　（b）　（c）

图 6.1　不同分辨率下首页显示效果

根据最终效果，对案例进行分析，对适应大分辨率的西游网站利用 CSS 媒体查询进行优雅降级。

（1）将网站可能浏览的设备屏幕划分为 3 种：大于 992px、768~992px、小于 768px，据此为网站设计断点：大屏幕、中等屏幕、小屏幕。

（2）不同分辨率下网页内容的显示与隐藏。

（3）导航区域的显示与隐藏。

2. 设计思路

（1）大屏幕完整显示网站；中等屏幕隐藏网站 LOGO 和搜索文本框；小屏幕时，自动隐藏网站头部，当用户单击网站顶端右侧的按钮时显示导航条。

（2）重新修正 HTML 部分，利用媒体查询设计不同断点下的显示效果。

（3）通过编写 JavaScript 实现导航区域的显示与隐藏功能。

6.1.2　实现步骤

1. HTML 部分

以网页中的头部为例，它包含两个部分：搜索区域和导航区域。两个部分均放置在 header 标签中，同时设计 container 类，用作两部分的封装盒，在媒体查询中实现不同设备分辨率下自适应。代码如下：

```
<!DOCTYPE html>
<html>
<head>
<meta name="viewport" content="width=device-width, initial-scale=1">
<link rel="stylesheet" type="text/css" href="css/main.css">
</head>
<body>
  <header id="header">
      <div class="container topbar visible-md visible-lg">
          <div class="col-md-10">
              <div class="logo"><img src="img/logo.png"></div>
          </div>
          <div class="col-md-2">
              <form class="search">
                  <input class="srstyle" type="text">
                  <span></span>
                  <div class="srbtn">搜索</div>
              </form>
          </div>
      </div>
      <nav>
          <div class="container">
              <div class="nav-header">
                  <button id="btn" type="button" class="navbar-toggle" >
                      <span class="icon-bar"></span>
                      <span class="icon-bar"></span>
```

```
                    <span class="icon-bar"></span>
                </button>
                <span class="nav-brand">大爱西游</span>
            </div>
            <div id="nav-list">
                <ul>
                <li><a href="index.html">西游首页</a></li>
                <li><a href="#">阅读西游</a></li>
                <li><a href="xyrw.html">西游人物</a></li>
                <li><a href="#">西游文学</a></li>
                <li><a href="#">西游影视</a></li>
                <li><a href="xylx.html">西游游戏</a></li>
                <li><a href="#">会谈西游</a></li>
            </ul>
            </div>
        </div>
    </nav>
  </header>
  ......
</body>
</html>
```

2. 搜索区域媒体查询

为了满足响应式设计，在 CSS 中新增了几个类，并在 HTML 中使用。首先是 container 类，它在不同的屏幕分辨率下有不同的大小设置。

```
.container { padding-right: 15px; padding-left: 15px;
     margin-right: auto; margin-left: auto;}
@media (min-width: 768px) {
     .container {width: 750px;}
   }
@media (min-width: 992px) {
     .container {width: 970px; }
   }
```

根据案例分析，设置了 visible-md、visible-lg，利用 media 媒体查询实现在中等屏幕下，隐藏网站 LOGO 和搜索文本框。

```
.visible-md,.visible-lg {display: none !important;}
@media (min-width: 992px) and (max-width: 1199px) {
   .visible-md {display: block !important;}
}
@media (min-width: 1200px) {
   .visible-lg {display: block !important;}
}
```

3. 导航区域的媒体查询

导航区域大于 768px 时均能正常显示，在屏幕分辨率小于 768px 时，横向导航改为竖向列表，并进行隐藏，在网页顶部左侧显示网站名称，右侧显示三条横线组成的按钮。利用 JavaScript 语言实现当单击按钮时显示竖向导航，再次单击隐藏导航。

```
@media (max-width: 768px) {
    #header > nav > .container >  .nav-header .navbar-toggle {
    display: block;}
    #header > nav > .container > .nav-header .nav-brand{display: block;}
    #header > nav{background-repeat: repeat;}
    #header > nav > .container > #nav-list{display: none;}
    #header > nav ul{height: 100%;width: 100%;margin: 0 auto;}
    #header > nav ul li{width: 100%;height: 42px;float: left;}
    #header > nav ul li a{
            display: block;color: white;height: 42px;line-height: 42px;
            font-size: 18px;text-align: center; }
}
```

注意：导航的显示和隐藏更为复杂，弹出导航需要用到第 7 章 JavaScript 知识，也可以利用第 8 章 BootStrap 控件完成。

6.1.3　知识点讲解——媒体查询的语法和特性

媒体查询是针对不同设备提供特定样式的一种方式，它为每种类型的用户提供了最佳的体验。作为 CSS3 规范的一部分，媒体查询扩展了 media 属性。以前设计人员使用一种独立的样式表，通过指定 media="print" 来打印网页。媒体查询扩充了这个概念，允许设计人员基于各种不同的设备属性（如屏幕宽度、方向等）来确定目标样式。它是由媒体查询类型和一个或多个检测媒体特性的条件表达式组成的。使用媒体查询，可以在不改变页面内容的情况下，在桌面浏览器中、平板电脑上和手机上得到不同的浏览效果。

1. 媒体查询基本语法

在 CSS3 中可以利用 Media Queries 设置不同类型的媒体条件，并根据对应的条件，给相应符合条件的媒体调用相对应的样式表。@media 可以针对不同的屏幕尺寸设置不同的样式，在设计响应式页面时 media 非常有用，它会在重置浏览器大小的过程中，根据浏览器的宽度和高度重新渲染页面。它可以在 CSS 样式表中使用，也可以在页面中引入。

1）CSS 样式表语法

```
@media media type and|not|only (media feature) {
    css code;
}
```

语法说明如下。

（1）media type：媒体类型。它的取值有很多，但大部分已经废弃。例如，取值 all，代表用于所有设备；取值 print，用于打印机和打印预览；取值 screen，用于计算机屏幕、平板电脑、智能手机等；取值 speech，用于应用于屏幕阅读器等发声设备。

（2）not、and 和 only 为逻辑运算符，用于构建复杂的媒体查询。and 用于合并多个媒体属性或合并媒体属性与媒体类型，只有当每个属性都为真时，结果才为真。not 操作符用来对一条媒体查询的结果进行取反。only 操作符仅在媒体查询匹配成功的情况下应用一个样式，若使用了 not 或 only 操作符，必须明确指定一个媒体类型。

（3）media feature：媒体特征。大多数媒体属性可以带有“min-”或“max-”前缀，用于表达“最低 ...”或者“最高 ...”。例如，max-width:768px 表示应用其所包含样式的条件最高宽度为 768px，大于 768px 则不满足条件，不会应用此样式。媒体特征有很多取值，如 height，定义输出设备中的页面可见区域高度。

（4）css code：这里放置 CSS 代码，在媒体查询逻辑运算符为真时才生效。

CSS 媒体应该如何使用？它又能起到什么作用？将下面这段 CSS 代码应用在一个简单的网页上，在浏览器中浏览网页并不断地调整浏览器窗口的宽度，网页的背景颜色会根据窗口的大小而发生变化：

```
body{background-color: black;}
@media screen and (max-width: 960px){
  body{background-color: red;}
}
@media screen and (max-width: 768px){
  body{background-color: orange; }
}
@media screen and (max-width: 550px){
  body{background-color: yellow; }
}
@media screen and (max-width: 320px){
  body{background-color: green; }
}
```

注意：浏览器对媒体查询的支持各不相同，IE9 以上、Chrome21 以上、Firefox3.5 以上、Safari4.0、Opera9 以上支持媒体查询。

2）在页面中引入媒体类型

在页面中引入媒体类型的方法有以下两种。

（1）利用 @import 方法，可以在样式表中调用另一个样式表，或者在页面的 <style>...</style> 中引入样式表。

```
@import url("screen.css") screen;
@import url("print.css") print;
```

（2）利用 link 方法引入样式表。

```
<link rel="stylesheet" type="text/css" href="print.css" media="print">
```

在页面中引入时也可以添加页面特征，像下面这段代码说明是纵向放置的显示屏时才会引入样式表。

```
<link rel="stylesheet" type="text/css" href="print.css" media="print and
(orientation:portrait)">
```

注意： 虽然将不同的媒体查询放置在独立的样式文件中会显得清晰，但过多的独立文件会加大页面渲染时 http 请求数量，从而导致页面加载变慢。因此，建议在样式表中追加媒体查询样式，即使用 CSS 样式表的方式书写媒体查询。

2. 设置 Media 标签

使用 Media 标签时需要在网页头部设置下面这段代码，来兼容移动设备的显示效果：

```
<meta name="viewport" content="width=device-width, initial-scale=1.0, maximum-scale=1.0, user-scalable=no">
```

语法说明如下。

（1）name=” viewport”，手机浏览器是把页面放在一个虚拟的“窗口”（viewport）中，窗口可大于或小于手机的可视区域，一般手机默认 viewport 大于可视区域。

（2）width = device-width：宽度等于当前设备的宽度。

（3）initial-scale：初始的缩放比例（默认设置为 1.0）。

（4）minimum-scale：允许用户缩放到的最小比例（默认设置为 1.0）。

（5）maximum-scale：允许用户缩放到的最大比例（默认设置为 1.0）。

（6）user-scalable：用户是否可以手动缩放（默认设置为 no，因为不希望用户放大缩小页面）。

3. 优雅降级与渐进增强

渐进增强和优雅降级是解决多浏览器支持的两种不同方法，这两个词是在 CSS3 出现之后产生的。主要原因是因为低版本的浏览器不支持 CSS3，但是 CSS3 的优秀特性又让开发者难以舍弃。为此在高级浏览器中使用 CSS3，而在低级浏览器只保证最基本的功能。两者的目的都是关注不同浏览器下的不同体验，看起来是可以互换的两个概念，但是它们侧重点不同，所以导致了工作流程上的不同。

优雅降级是针对最高级的、最完善的浏览器设计网站，然后为那些旧（过时）版本的浏览器提供基本（简陋）的浏览体验，有时会设定一个分界点，声明客户的浏览器版本过低，建议更新后浏览。

渐进增强则是内容至上，在设计之初采用 Web 标准的标签为基础，保证所有的浏览器均可使用，在此基础上针对高级浏览器进行 CSS 样式设计，改进 JavaScript 交互效果和追加功能达到更好的用户体验。

多数的公司和设计者都推崇渐进增强式设计，因为内容优先、业务至上，如雅虎。但需要根据具体情况来定，随着技术的发展，移动设备的使用率逐年提升，从百度统计数据来看浏览器市场份额，Chrome 约占 46%，而 IE9 约占 9%，IE8 约占 6%，结论是旧版本的浏览器逐步退出市场，新的浏览器使用率正不断增加，优雅降级设计也是一个不错的选择。

扫一扫：查看分析和解答（1）

6.1.4　案例练习

（1）谈一谈对响应式布局的看法，什么叫优雅降级和渐进增强？

（2）西游首页完成了搜索区域的响应式设计，试着将轮播图改造成为响应式。提示：①轮播图片始终居中显示。②高度固定，宽度随屏幕分辨率改变。

扫一扫：查看分析和解答（2）

6.2 【案例16】响应式布局

6.2.1 案例分析——实现“经典圣杯”响应式布局

1. 需求分析

圣杯布局是三栏流动布局，最早的完美实现是来自于 Matthew Levine 于 2006 年在 A LIST APART 上写的一篇文章，它主要讲述了网页中关于最佳圣杯的实现方法，这是在网页布局设计中经常会用到的布局方式。圣杯布局效果如图 6.2 所示。

图 6.2 圣杯布局效果

根据最终效果，对案例进行分析：

（1）圣杯布局有传统的顶部和底部，中间为左右中三栏布局。

（2）两边是固定宽度，中间可以自适应剩余空间，采用响应式布局。

（3）允许中间一栏最先出现，允许任意一栏放在最上面。

2. 设计思路

（1）建立框架，完成 HTML 结构。

（2）编写 CSS 代码实现“经典圣杯”响应式布局。

6.2.2 实现步骤

1. 建立框架

完成圣杯的框架部分，分为上中下三行，即 header、container 和 footer。代码如下：

```
<header class="header"> <h1> 头部区域 </h1></header>
```

```
<div class="container"></div>
<footer>底部区域</footer>
```

2. 加入三栏

在 container 中加入左中右三栏，实现经典布局。代码如下：

```
<div class="container">
  <main class="main"><h2>主要内容区域</h2></main>
  <aside class="left"><h3>左侧区域</h3></aside>
  <aside class="right"><h3>右侧区域<h3></aside>
</div>
```

3. 添加 CSS 样式

给各部分元素添加 CSS 样式，灵活采用布局方式，实现响应式设计。代码如下：

```
body {
  font-family: "宋体", serif;
  color: #333;
  padding: 0;
  margin: 0;
  font-size: 20px;
}
header {
  background-color: #666;
  padding: .5em 1em;
  color: #fff;
}
.container{
  display: flex;
  margin: 0;
  width: 100%;
  height: 460px;
}
main {
  background-color: #ccc;
  flex: 3;
  order: 2;
}
.left,.right {
  background-color: #999;
  flex: 2;
}
.left {order: 1;}
.right {order: 3;}
```

```
footer {
  background-color: #333;
  padding: .5em;
  clear: both;
  color: #fff;
}
```

6.2.3 知识点讲解——响应式布局

采用何种布局方式设计网页？静态、流式、自适应、弹性还是响应式设计？这是网页设计师的一个重要决定，每一种都有自己的优点和缺点，最终的选择还要根据实际的需求。

1. 静态布局

静态布局（Static Layout）又称为固定布局，是传统的 Web 布局方式，网页上的所有元素的尺寸都是固定的，无论用户的屏幕分辨率多大，看到的网页宽度都不会发生变化。多数的 PC 端网站都采用这种布局方式，通常在设计图中限定好每个元素的大小，然后度量这些尺寸，将其直接写入 CSS 样式中，保证网页的显示效果。当屏幕尺寸小于设计图时，使用横向和竖向的滚动条来查阅被遮掩部分。当屏幕尺寸大于设计图时，设计图会居中布局。

为移动设备另行设计布局，使用不同的域名访问，如淘宝的触屏版网址为 m.taobao.com。移动端开发采用静态布局有以下两种方式。

（1）视觉稿、页面宽度、viewport width 使用统一宽度，页面的各个元素也采用 px 作为单位。通过用 JS 动态修改标签的 initial-scale 使得页面等比缩放，利用浏览器自身缩放完成适配，从而使网页刚好占满整个屏幕。

（2）在 viewport meta 标签上设置 "width=640,user-scalable=no"，页面的各个元素也采用 px 作为单位。由于 640px 超出了手机宽度，浏览器会自动缩小页面来适应全屏。

优点是开发简单，缩放操作由浏览器完成，能够达到精准还原。缺点是对分辨率的屏幕会产生像素丢失，有些设备不能正常缩放，文本也可能出现折行现象。

2. 流式布局

流式布局（Liquid Layout 或 Fluid Layout）特点是采用百分比方式划分页面中的元素，元素宽度按照屏幕进行适配调整，在设计中高度多数用固定像素，宽度可以根据可视区域和父元素的实时尺寸进行调整，尽可能地适应各种分辨率，可以配合 max-width/min-width 等属性控制尺寸流动范围以免过大或者过小影响阅读。

在移动端也常使用流式布局，优点是开发简单，不用另行设计移动端布局。缺点是从 PC 端到移动端屏幕尺寸差异较大，相对原始设计来讲。过大或过小的屏幕在显示过程中都可能出现问题，如固定高度和固定文字大小，在屏幕放大和缩小过程中保持不变，会造成内容的不协调，丢失设计图的美感。

3. 自适应布局

自适应布局（Adaptive Layout）的特点是分别为不同的屏幕分辨率定义布局，即创建多个静态布局，每个静态布局对应一个屏幕分辨率范围。改变屏幕分辨率可以切换不同的静态局部（页面元素位置发生改变），但在每个静态布局中，页面元素不随窗口大小的调整发生变化。可以把自适应布局看作是静态布局的一个系列。在设计中使用 @media 媒体查询给不同尺寸和介质的设备切换不同的样式。在优秀的响应范围设计下可以给适配范围内的设备最好的体验，在同一个设备下实际还是固定的布局。

优点是在屏幕分辨率发生改变时，页面元素不发生改变，完美呈现设计者意图；缺点是开发复杂，需要为每一种分辨率设计静态布局，开发成本高。

4. 弹性布局

弹性布局（Flexible Layout）是 2009 年 W3C 提出的一种新方案，可以简便、完整、响应式地实现各种页面布局。任何一个盒子都可以指定为 Flex 布局。

```
.blockbox{display: flex;}// 块级元素
.inlinebox{display: inline-flex;}// 行内元素
```

注意：设为 Flex 布局以后，子元素的 float、clear 和 vertical-align 属性将失效。

采用 Flex 布局的元素，称为 Flex 容器（Flex Container），简称“容器”。它的所有子元素自动成为容器成员，称为 Flex 项目（Flex Item），简称“项目”。容器默认存在两根轴：水平的主轴和垂直的交叉轴。

（1）容器上有以下 6 个属性可以设置。

① flex-direction 属性。flex-direction 属性决定主轴的方向（即项目的排列方向）。它有 4 个可选值：row（默认值），主轴为水平方向，起点在左端；row-reverse，主轴为水平方向，起点在右端；column，主轴为垂直方向，起点在上沿；column-reverse，主轴为垂直方向，起点在下沿。

```
.box { flex-direction: row | row-reverse | column | column-reverse;}
```

② flex-wrap 属性。默认情况下，项目都排在一条线（又称“轴线”）上。flex-wrap 属性定义，如果一条轴线排不下，如何换行。它有 3 个可选值：nowrap（默认），不换行；wrap，换行，第一行在上方；wrap-reverse，换行，第一行在下方。

```
.box{flex-wrap: nowrap | wrap | wrap-reverse;}
```

③ flex-flow 属性。flex-flow 属性是 flex-direction 属性和 flex-wrap 属性的简写形式，默认值为 row nowrap。

```
.box {flex-flow: <flex-direction> || <flex-wrap>;}
```

④ justify-content 属性。justify-content 属性定义了项目在主轴上的对齐方式。它有 5 个可选值：flex-start（默认值），左对齐；flex-end，右对齐；center，居中；space-between，两端对齐，项目之间的间隔都相等；space-around，每个项目两侧的间隔相等，因此项目之间的间隔比项目与边框的间隔大一倍。

```
.box {justify-content: flex-start | flex-end | center | space-between |
space-around;}
```

⑤ align-items 属性。align-items 属性定义项目在交叉轴的对齐方式。它有 5 个可选值：flex-start，交叉轴的起点对齐；flex-end，交叉轴的终点对齐；center，交叉轴的中点对齐；baseline，项目的第一行文字的基线对齐；stretch（默认值），如果项目未设置高度或设为 auto，将占满整个容器的高度。

```
.box {align-items: flex-start | flex-end | center | baseline | stretch;}
```

⑥ align-content 属性。align-content 属性定义了多根轴线的对齐方式。如果项目只有一根轴线，该属性不起作用。它有 6 个可选值：flex-start，与交叉轴的起点对齐；flex-end，与交叉轴的终点对齐；center，与交叉轴的中点对齐；space-between，与交叉轴两端对齐，轴线之间的间隔平均分布；space-around，每根轴线两侧的间隔都相等，所以轴线之间的间隔比轴线与边框的间隔大一倍；stretch（默认值），轴线占满整个交叉轴。

```
.box {align-content: flex-start | flex-end | center | space-between | space-around | stretch;}
```

（2）容器中的项目也有以下 6 个属性可以设置。

① order 属性。order 属性定义项目的排列顺序，数值越小，排列越靠前，默认为 0。

```
.item {order: <integer>;}
```

② flex-grow 属性定义项目的放大比例，默认为 0，即如果存在剩余空间，也不放大。如果所有项目的 flex-grow 属性都为 1，则它们将等分剩余空间（如果有的话）。如果一个项目的 flex-grow 属性为 2，其他项目都为 1，则前者占据的剩余空间将比其他项多一倍。

```
.item {flex-grow: <number>; /* default 0 */}
```

③ flex-shrink 属性定义了项目的缩小比例，默认为 1，即如果空间不足，该项目将缩小。如果所有项目的 flex-shrink 属性都为 1，当空间不足时，都将等比例缩小。如果一个项目的 flex-shrink 属性为 0，其他项目都为 1，则空间不足时，前者不缩小。负值对该属性无效。

```
.item {flex-shrink: <number>; /* default 1 */}
```

④ flex-basis 属性定义了在分配多余空间之前，项目占据的主轴空间（main size）。浏览器根据这个属性，计算主轴是否有多余空间。它的默认值为 auto，即项目的本来大小。它可以设为与 width 或 height 属性一样的值，则项目将占据固定空间。

```
.item {flex-basis: <length> | auto; /* default auto */}
```

⑤ flex 属性是 flex-grow、flex-shrink 和 flex-basis 的简写，默认值为 0 1 auto。后两个属性可选。该属性有两个快捷值：auto（1 1 auto）和 none（0 0 auto）。建议优先使用这个属性，而不是单独编写 3 个分离的属性，因为浏览器会推算相关值。

```
.item {flex: none | [ <'flex-grow'> <'flex-shrink'>? || <'flex-basis'> ]}
```

⑥ align-self 属性允许单个项目与其他项目不一样的对齐方式，可覆盖 align-items 属性。默认值为 auto，表示继承父元素的 align-items 属性，如果没有父元素，则等同于 stretch。

```
.item {align-self: auto | flex-start | flex-end | center | baseline | stretch;}
```

5. 响应式布局

响应式布局（Responsive Layout）是由响应式设计引出的布局方式。响应式设计的目标是确保一个页面在所有终端上（各种尺寸的 PC、手机、平板、甚至智能手表浏览器等）都能显示出令人满意的效果，设计者通常使用流式布局 + 弹性布局，再搭配媒体查询技术实现响应式设计。

响应式布局在屏幕发生改变时，布局随着改变，这个发生改变的临界点被称为断点，设计中有两种情况：第一种布局保持不变，即页面中的各元素布局不发生变化，处理方式包括挤压或拉伸、换行或平铺、删减或增加；第二种布局发生变化，即页面中的各元素布局产生变动，情况有元素位置变化、元素展示或隐藏、元素数量增加或删除。

如果只做PC端网页设计，可选择静态布局。如果只做移动端设计，可选择弹性布局。但如果PC端和移动端想要兼容实现，那么响应式布局设计是最好的选择。

6. CSS单位

在移动Web开发中，设计者必须灵活运用CSS单位来完成页面布局，CSS中的单位有很多，如cm、mm、in、pt、pc、px、em、rem、vh、vw、vmin、vmax、ch、ex、%等，其中px、em、rem、%最为常用。

1）px

pixel（像素）是图像的基本采样单位，相对单位，1px相对于物理设备的一个像素点，没有固定的长度值。例如，屏幕的分辨率是1024px×768px，也就是说设备屏幕的水平方向上有1024个像素点，垂直方向上有768个像素点。在屏幕大小不变的情况下，分辨率越高，图像就越清晰。

ppi（像素密度）是每英寸上存在的像素数目，它用来表示屏幕的清晰度。一般将手机屏幕分为6种：ldpi（120ppi）低密度，基本市面上已经消失不见；mdpi（160ppi）中密度，对应的手机分辨率为320×480，部分老年机还在使用；hdpi（240ppi）高密度，对应的手机分辨率为480×800等，屏幕尺寸为3.5英寸，较少人使用；xhdpi（320ppi），对应手机分辨率为720×1280，屏幕尺寸为4.7~5.5英寸；xxhdpi（480ppi），对应手机分辨率为1080×1920，屏幕尺寸为5英寸以上；xxxhdpi（600ppi），对应手机分辨率为3840×2160。其中320ppi以上的都被归于超高密度，苹果为它定义了一个新名字Retina。

dp（设备独立像素），安卓的开发单位，dp本身不随着设备改变大小，1dp是一个绝对单位，代表当ppi为160时，1个像素点的大小为1/160英寸。pt是iOS开发单位，和dp类似，绝对长度，1pt=1/72英寸。

因此，安卓设计图一般采用dp，而设计师在利用CSS实现设计图时会利用公式px=dp*ppi/160进行换算。

2）em

em是相对长度单位，相对于当前对象内文本的字体尺寸。如当前对行内文本的字体尺寸未被人为设置，则相对于浏览器的默认字体尺寸。浏览器的默认字体高是16px。因此默认情况下1em=16px。为了简化font-size的换算，可以在CSS中的body选择器中声明font-size=62.5%，这就使em值变为16px×62.5%=10px，这样12px=1.2em、10px=1em，也就是说只需要将原来的px数值除以10，然后换上em作为单位就行了。需要注意，Chrome浏览器的最小字体是12px，采用这种方式就不可行了。

在整个页面中1em并不是一个固定的值，它会根据父级元素的大小而变化，但是如果嵌套了多个元素，要计算它的大小，就会非常麻烦。

```
<!DOCTYPE html>
<html>
<head>
<style  type="text/css">
  div{font-size:1.5em;}
```

```
</style>
</head>
<body>
<div class="div1">div1
  <div class="div2">div2</div>
</div>
</body>
</html>
```

计算关系是这样的：body 的 font-size 是继承自根元素 html，html 的尺寸是浏览器默认尺寸 16px。则 div1 的 font-size=1.5 × 16px = 24px，div2 的 font-size=1.5 × 24px = 36px。如果手动设置 div1 的 font-size 为 12px，则 div2 的 font-size 为 1.5 × 12=18px。

3）rem

rem 是 CSS3 新增的一个相对单位（root em），它与 em 的区别在于使用 rem 为元素设定字体大小时，相对的只是 HTML 根元素。这个单位可谓集相对大小和绝对大小的优点于一身，通过它既可以做到只修改根元素就成比例地调整所有字体大小，又可以避免字体大小逐层复合的连锁反应。目前，除了 IE8 及更早版本外，所有浏览器均已支持 rem。对于不支持它的浏览器，应对方法也很简单，就是多写一个绝对单位的声明。这些浏览器会忽略用 rem 设定的字体大小。

还使用上面 em 的案例，如果把单位改为 rem，即 div 的 font-size 设为 1.5rem，则无论 div1，还是 div2，font-size 都是 1.5 × 16px=24px。

6.2.4 案例练习

扫一扫：查看分析和解答

（1）圣杯布局实现有很多种方式，书中采用响应式布局方式实现，试着利用其他的布局方式实现圣杯布局。

（2）西游首页完成了响应式设计，但网站中其他的内容并没有完成，试着将其补充完整，设计一个响应式的西游网站。

第7章

利用 JavaScript 完成交互

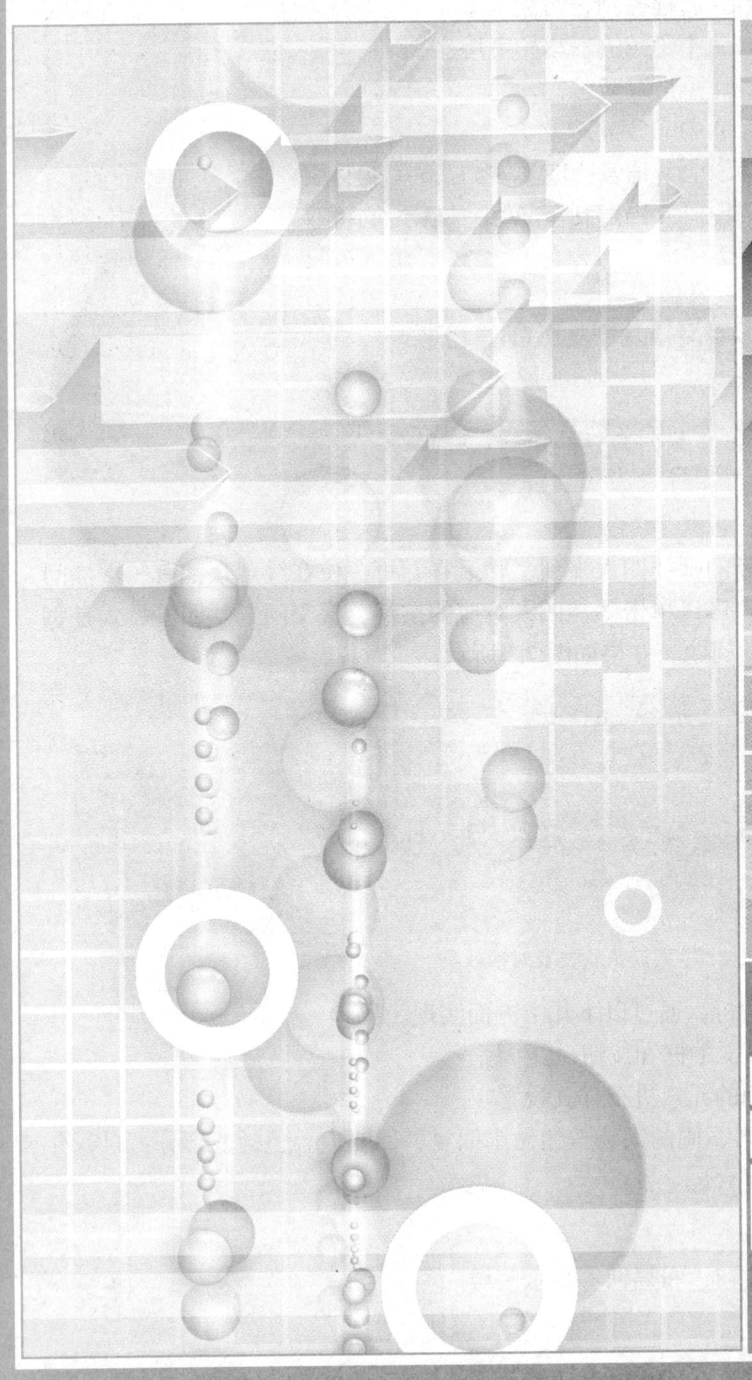

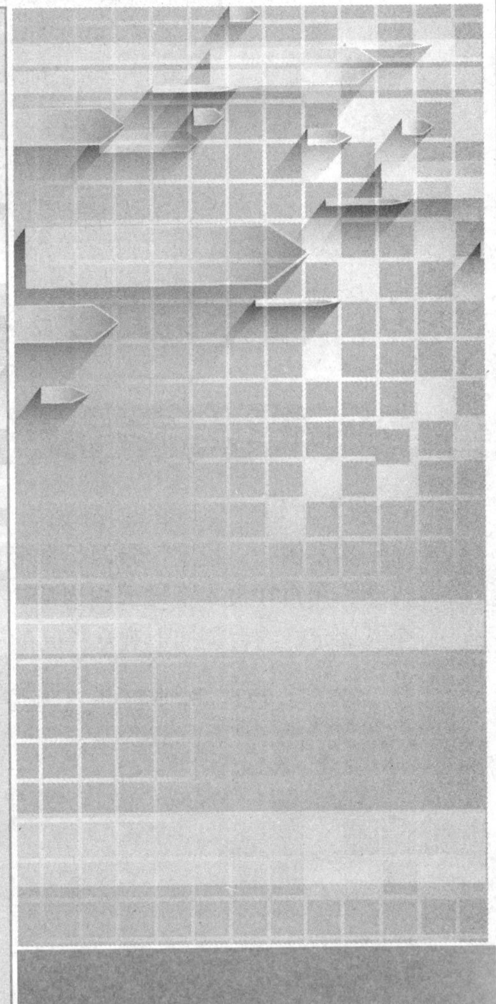

Web 前端工程师有三大必须掌握的技能知识：表达网页结构和内容的 HTML、美化网页和描述样式的 CSS、实现网页交互和行为的 JavaScript。其中 JavaScript 作为面向 Web 设计的编程语言，被广泛应用在各类网站中，并且随着 Ajax 技术的崛起，HTML5 标准的诞生，服务器端 JS 的出现，使得业内开发者前所未有地重视 JavaScript 技术。想要更好地交互效果，提升用户对 Web 应用的体验，JavaScript 的学习就势在必行。

本章重点 ⇨
1. 理解 JavaScript 语言及使用方式。
2. 掌握 JavaScript 基础语法。
3. 掌握 JavaScript 流程控制语句。
4. 掌握 JavaScript 中函数的书写和使用。
5. 掌握 JavaScript 事件响应编程。
6. 掌握 JavaScript 中 DOM 对象。
7. 能够利用 JavaScript 语言完成 Web 中简单的交互。
8. 能够利用 JavaScript 语言制作 Web 中常见的特效。

7.1 【案例17】体验JavaScript

7.1.1 案例分析——“西游人物”交互对话

1. 需求分析

本案例中，设定情景西行取经的师徒四人来到了聊天室，每一位在线观众都有一次提问机会，用户在文本框输入内容后，可以单击师徒四人对应的按钮，提交问题。回答方式是每个人固定好的台词加上观众提问的问题。效果如图 7.1 所示。

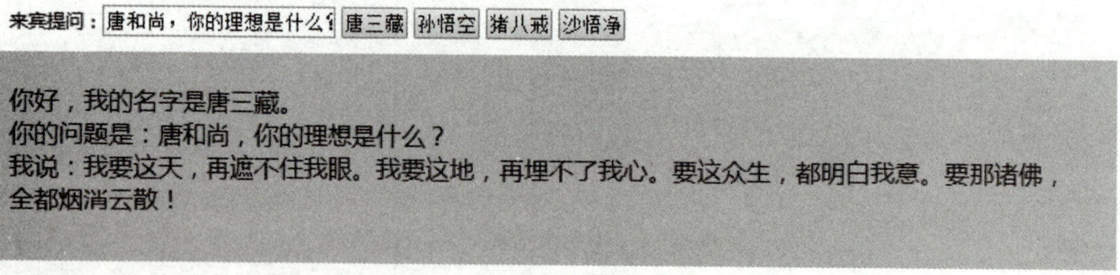

来宾提问：唐和尚，你的理想是什么? 唐三藏 孙悟空 猪八戒 沙悟净

你好，我的名字是唐三藏。
你的问题是：唐和尚，你的理想是什么？
我说：我要这天，再遮不住我眼。我要这地，再埋不了我心。要这众生，都明白我意。要那诸佛，全都烟消云散！

图 7.1 西游人物交互对话效果

根据最终效果，对案例进行分析，通过以下几个方面实现。

（1）HTML 部分。表单元素：文本框和按钮; div 元素。

（2）CSS 部分。为 HTML 用到的元素进行样式设置。

（3）JavaScript 部分。实现单击不同的人物按钮做出回复，回复内容包括三部分：自我介绍，重复来宾的问题，固定的回复台词。

2. 设计思路

（1）设计输入框、人物选择按钮、布局回答显示区域。

（2）利用 CSS 美化页面。

（3）通过编写 JavaScript 实现问答功能。

7.1.2　案例实现

1. HTML 部分

新建 xyrw.html 文件，完成问题区域和回答区域的 div 布局，添加按钮、输入框等 HTML 元素，同时设置元素的 id 属性。代码如下：

```
<!DOCTYPE html>
<html>
<head>…</head>
<body>
  <div id="questionAndAnswer">
     <span> 来宾提问: </span><input type="text" name="" id="question">
     <button onclick="fnTalk (‘tsz’) " > 唐三藏 </button>
     <button onclick="fnTalk (‘swk’) "> 孙悟空 </button>
     <button onclick="fnTalk (‘zbj’) " > 猪八戒 </button>
     <button onclick="fnTalk (‘swj’) " > 沙悟净 </button>
  </div>
  <div id="answer"></div>
</body>
</html>
```

2. JavaScript 部分

继续编辑 xyrw.html 文件，完成页面中的互动效果代码如下：

```
<!DOCTYPE html>
<html>
<head>
<title> 西游人物交互 </title>
<meta charset="utf-8">
<script type="text/javascript">
function fnTalk (uName) {
   var ans=document.getElementById ("answer") ;
   var qu=document.getElementById (“question") .value;
   var str="";
   if (qu=="") {str=" 你还没有提问。"}
   else{
           if (uName==’ tsz’) {
           str=" 你好，我的名字是唐三藏。<br/> 你的问题是: "+qu+"<br/> 我说: 我要这天，
再遮不住我眼。我要这地，再埋不了我心。";
            }else if (uName==’ swk’) {
```

```
                str=" 你好，我的名字是孙悟空。<br/> 你的问题是: "+qu+"<br/> 我说: 原来像这样神仙没法管的东西都有个名字，叫做 -- 妖 ";
            }else if(uName==' zbj'){
                str=" 你好，我的名字是猪八戒。<br/> 你的问题是: "+qu+"<br/> 我说: 他所要的，我全都抛弃，只剩下我的洁静的灵魂，给我所爱的人。";
            }else if(uName==' swj'){
                str=" 你好，我的名字是沙悟净。<br/> 你的问题是: "+qu+"<br/> 我说: 我是最不起眼的那个，没想到你会问我。";
            }else{str=" 部分摘自今何在《悟空传》";}
        }
        ans.innerHTML=str;
    }
</script>
</head>
<body>
…
```

7.1.3 知识点讲解——变量、数据类型与流程控制

1. JavaScript 基础知识

JavaScript 是由 Netscape 公司创造的一种脚本语言。它曾经几次改名，最终才定为 JavaScript。作为一门独立的编程语言，JavaScript 自然可以做很多事情，不过它最主流的应用还是在 Web 上——创建交互网页效果（许多人喜欢称为网页特效）。JavaScript 在网络上应用十分广泛，几乎所有的网页中都能找到它的身影，目前流行的 AJAX 从很大程度上也是依赖于 JavaScript 而存在的。

用一段简单的程序说明 JavaScript 的语法基础：

```
<!DOCTYPE html>
<html>
<head>
  <title> 语法基础 </title>
  <meta charset="utf-8">
  <script type="text/javascript">
        alert("欢迎来到 JavaScript 的世界！");
        document.write("加油，菜鸟来了！");
        console.log("能看到这句的都是高手！");
  </script>
</head>
<body>
</body>
</html>
```

1）JavaScript 的书写位置

JavaScript 的书写与 CSS 有点儿类似，它也有以下 3 种书写位置。

（1）写在行内的 JS 代码。

```
<button onclick="alert（'你好！'）">打声招呼</button>
```

（2）嵌入在 HTML 页面内，可以放在 <head></head> 之间，也可以放在 <body></body> 之间，实际上 JavaScript 可以嵌入在 HTML 任意位置。

```
<script type="text/javascript">
  alert（"欢迎来到 JavaScript 的世界！"）；
</script>
```

（3）存放在单独的 JS 文件，然后引入到 HTML 页面中，需要注意的是，在这种情况下，<script> 和 </script> 之间不能再编写 JS 代码。

```
<script type="text/javascript" src="test.js"></script>
```

2）JavaScript 语句

任何一门计算机语言编写程序都是由一系列指令构成的，JavaScript 也不例外，这些指令又被称为语句，JavaScript 的语句规则并不复杂，每一条语句后放置“;”分号代表结束，有时忘记放置“;”分号但程序并没有出错，但这不是一个良好的编程习惯。JavaScript 是允许多条语句编写在一行上，例如对 JavaScript 文件进行压缩处理，这时忘记“;”分号会是一个毁灭性错误。因此要求每一个编程者都不能遗忘语句结尾的“;”分号。

（1）JavaScript 由三部分组成：ECMAscript、DOM、BOM，alert（）函数是属于 Windows 对象的一个方法，用来显示带有一段消息和一个确认按钮的警告框。

alert（“欢迎来到 JavaScript 的世界！”）；

（2）文档对象的输出函数，其功能是将括号中的字符或变量值输出到窗口，也就是页面中。

document.write（“加油，菜鸟来了！”）；

（3）用来调试程序，在控制台输出。

console.log（“能看到这句的都是高手！”）；

3）注释

JavaScript 有两种注释方式，分别为单行注释“//”和多行注释“/**/”。注释的内容并不会在页面中显示，它用来为代码进行注解，以便程序员更好地理解程序编写的意图。

4）区分大小写

JavaScript 是区分大小写的，也就是说当想弹出一个对话框时，“alert（“你好”）;”是正确的，而“Alert（“你好”）;”是错误的。

注意： HTML 是不区分大小写的，如前面提到的行内 JS 代码 onclick，它写在 HTML 中时，onclick 或者 onClick 都不影响程序运行；但写在 JS 代码中时必须使用 onclick。

2. 变量

生活中有很多东西都会随环境和时间发生变化，在程序设计中，给发生变化的值起个名字存放起来，称为“变量”。例如，设置一个名为 age 的“变量”来存放随时间增长而变化的年龄：

```
var age=18;
```

1）声明变量

一般来讲，在使用一个变量前要先声明。

基础语法：

var 变量名 [= 初值][, 变量名 = 初值……]

语法说明：

（1）var 是关键字，用来声明变量。

（2）变量的命名要遵照标识符命名规则，好的变量名应该见名知意，如遵循大小驼峰规则。

标识符命名规则：变量名由字母、数字、下划线、美元符组成，但不能以数字开头，也不能使用关键字作为标识符名。

合法的变量名：userName，my_name，$str，web8，π。

非法的变量名：1qi，user Pa。

注意：用户可能不理解 π 为什么也正确，那是因为 JavaScript 允许标识符中出现 Unicode 字符集中的字母和数字，因此，程序员也可以使用非英语语言和数字符号来书写标识符。

（3）可以一次声明多个变量，声明变量的同时还可以赋初值。

```
var a,b,c;
var d=1,e=2,f;
```

注意：

①变量是需要用 var 关键字声明的。但是 JavaScript 中也可以隐式地使用变量，就是不用声明，直接使用，隐式声明的变量被默认为全局变量，但要尽量避免这样做。

②下面这个写法也允许：

```
var a=b=2;
```

它等价于下面两行代码：

```
var b=2;
var a=b;
```

2）变量的作用域

变量声明后，涉及一个作用范围问题，可以将变量分为全局变量和局部变量。简单来说：全局变量是指在整个代码中都可以调用的变量，局部变量是指仅在声明该变量的函数内部使用的变量。

```
var a=1;// 全局变量
function temp(){
    var b=1;// 局部变量
}
```

3. 数据类型

数据类型是编程语言能够操作的值的类型，一般来讲，编程语言有强类型语言（必须对数据类型进行声明）、弱类型语言（不要求对数据类型进行声明）两种。JavaScript 属于弱类型语言，程序员可以随意地改变变量的数据类型。

JavaScript 有原始数据类型和对象数据类型。原始数据类型包括数字（Number）、字符串（String）和布尔（Boolean），还有两个特殊的原始值 null（空）和 undefined（未定义）。

1）数字

JavaScript 采用 64 位浮点格式表示数字，范围非常大，它不区分浮点数或整数，同时还能识别以“0X”或“0x”开头的十六进制，以“0”开头的八进制。下面是几个数字示例：

```
5、10、0.4、0x123、067
```

2）字符串

JavaScript 中的字符串是用双引号或单引号引起来的字符序列，下面是字符串示例：

```
“"// 空字符串
“Hello, Tom"
‘我说:"你总有一天会明白我！",你不信’// 单引号中包含双引号
“I can’t believe you!"// 双引号中包含单引号
“123"
```

（1）转义字符。在 JavaScript 中，\ 反斜杠有着特殊用途，有时单纯的需要一个’单引号，而不是表示括起什么东西，可以用\’来声明，这就是一个转义字符，如 \n 表示换行，\” 表示双引号，\\ 表示反斜杠。转义字符有很多，这里不再一一列举。

（2）字符串连接。“+”在 JavaScript 中有两种作用，用于数字时是做加法运算，用在字符串时表示字符串连接，即将第二个字符串拼接到第一个字符串之后。例如：

```
var s1="孙";
var s2="悟空";
var s=s1+s2;//s 的值是"孙悟空"
```

3）布尔

布尔型只有两个值：真和假，用保留字 true 和 false 表示。在 JavaScript 中比较表达式或语句的结果通常是布尔型，多用于流程控制语句中，判断程序执行的逻辑。例如：

```
var a=1;
var b=2;
if(a==b){// 这里判断 a、b 的值是否相等，返回 false
   alert(“两个变量值相等。");
}
```

在 JavaScript 中任何值都可以转换成布尔值，下面这些会转换成为 false。所有其他的值都会被转为 true。

```
undefined、null、0、-0、NaN、""
```

4. 表达式和运算符

表达式是 JavaScript 中用于操作的“短语”，它包含运算符和变量名，通常会有一个运算结果。运算符被运用于算术表达式、比较表达式、逻辑表达式、赋值表达式中，有不同的运算优先级和运算逻辑。

算术运算符包含 +、–、*、/、%、++、--。

比较运算符包含 >、<、==、!=、>=、<=、===、!==。

赋值运算符包含 =、+=、–=、*=、/=、%=。

逻辑运算符包含 &&、||、!。

三元运算符（expr1）?（expr2）:（expr3）。

5. 条件语句

条件语句是根据给定的条件做出决策，用来决定程序中的哪些分支被执行，哪些分支被略过。JavaScript 中有两种条件语句 if/else 语句和 switch/case 语句。

1）if 语句

if 语句是一种基本的控制语句，它让 JavaScript 选择执行的路径，它有 3 种形式。

（1）if 语句。语法：

```
if（表达式）{
   程序块
}
```

在这种形式中，首先计算表达式的值，如果表达式成立，就执行程序块，如果表达式不成立，就不执行程序块。例如：

```
if（userName==""）{// 这里判断用户名是否为空
   userName=" 匿名 ";// 如果用户名为空，则将用户名设为匿名
}
```

（2）if/else 语句。if 语句的第二种形式引入了 else 子句，程序运行有两种选择路径。语法：

```
if（表达式）{
   程序块 1
}else{
   程序块 2
}
```

在这种形式中，首先计算表达式的值，如果表达式成立，就执行程序块 1，如果表达式不成立，就执行程序块 2。例如：

```
if（userAge>=18）{// 这里判断用户年龄是否满 18 岁
   userState=" 成年 ";// 如果用户满 18 岁，则说明用户已成年
}else{
   userState=" 未成年 "; // 否则说明用户未成年
}
```

（3）if/else if 语句。但程序具有两种以上的分支时，就需要用到 else if 语句。语法：

```
if（表达式 1）{
   程序块 1
}else if（表达式 2）{
   程序块 2
} else if（表达式 3）{
   程序块 3
}
…
else {
程序块 n
```

```
}
```

在这种形式并不复杂，程序顺序判断表达式是否成立，如果表达式 1 成立就执行程序块 1，剩余其他的 else if 和 else 均不再执行，表达式 1 不成立就判断表达式 2，以此类推，如果表达式全不成立，就执行 else 中的程序块 n。例如：

```
if（level==81）{// 这里判断西游是不是到了最后一难
   content=" 加油，撑过这一关就取到真经了。";
}else if（level>41）{
   content=" 遥远的旅程已经走了一半，继续前进 ";
}else{
   content=" 西游之行刚起步，还有很远的路要走 ";
}
```

2）switch 语句

当程序中存在多条分支时，else if 并不是最好的选择，而 switch 语句却很适合处理这种情况。语法：

```
switch（表达式）{
case 值 1 ：语句 1 break;
case 值 2 ：语句 2 break;
...
default ：语句 n break;
}
```

程序首先计算表达式的值，然后查找 case 子句中是否有值和表达式的值匹配，如果找到匹配的项，就执行这个 case 中对应的语句。如果找不到匹配的项，就执行 default 语句，没有 default 语句，switch 将跳过所有的代码块。例如：

```
switch（level）{
   case 1:document.write（" 金蝉遭贬第一难 "）;break;
   case 2:document.write（" 出胎几杀第二难 "）;break;
   case 3:document.write（" 满月抛江第三难 "）;break;
   case 4:document.write（" 寻亲报冤第四难 "）;break;
…
   default:document.write（" 命揭谛赶上八大金刚 "）;
}
```

6. 循环语句

循环语句可以重复多次执行同一段代码，在 JavaScript 中有 3 种循环语句，尽管结构不同，但原理一致，只要条件满足就一直执行循环体中的程序代码。一旦条件不成立，立刻结束执行。

1）for 语句

```
for（初始条件；判断条件；增量条件）{
    循环代码
}
```

这类似曾经玩过的大富翁游戏，下面是它的执行逻辑。

（1）计算“初始条件”。

（2）“判断条件”是否成立，成立则转到步骤（3），不成立则转到步骤（5）

（3）执行循环体中的“循环代码”。

（4）执行“增量条件”，然后转到步骤（2）

（5）退出循环。

一个简单的示例说明 for 循环语句：

```
for (var i=1;i<=10;i++){
    document.write("我是"+i+"号<br />");
}
```

2）while 语句

```
while(判断条件){
    循环代码
}
```

先“判断条件”是否成立，若成立，则执行循环体中的“循环代码”；若不成立，则退出循环。

```
var i=1;
while (i<=10){
    document.write("我是"+i+"号<br />");
    i=i+1;
}
```

3）do while 语句

```
do{
    循环代码
} while(判断条件)
```

执行循环体中的“循环代码”，“判断条件”是否成立，若成立，则再次执行“循环代码”；如不成立，则退出循环。

```
do{
    document.write("我是"+i+"号<br />");
    i=i+1;
}while(i <= 5)
```

4）break 和 continue

使用 break 语句使得循环从 for 或 while 中跳出，循环将终止，程序执行循环之后的语句。continue 使得跳过循环内剩余的语句而进入下一次循环。

7.1.4 案例练习

扫一扫：查看分析和解答（1）

（1）BMI 健康指数计算小工具。

BMI 是 Body Mass Index 的缩写，BMI 中文是“体质指数”的意思，它是世界公认的一种评定肥胖程度的分级方法，世界卫生组织（WHO）也以 BMI 来对肥胖或超重进行定义。它的定义如下。

体质指数（BMI）= 体重（kg）÷ 身高 ^{2}（m^2）

例如，70kg ÷（1.75 × 1.75）=22.86

根据中国标准：<18.5 偏瘦，18.5~23.9 正常，24 ~ 27.9 偏胖，≥ 28 肥胖。

JavaScript 编程实现“BMI 健康指数计算小工具”。

扫一扫：查看分析和解答（2）

（2）有一首歌叫“一千年以后”，利用 JavaScript 计算一千年后的今天是星期几。

扫一扫：查看分析和解答（3）

（3）数学界有个很著名的难题：哥德巴赫猜想，任一大于 2 的偶数都可写成两个质数之和。当然不能证明这个猜想，你能实现这样的功能吗？当用户输入一个偶数，你可以把它写成两个质数之和。

7.2　【案例18】函数与DOM模型

7.2.1　案例分析——“西游路线图”

1. 需求分析

本案例中，设计一款可以查看前世来历的整蛊小游戏，用户单击开始游戏按钮，系统会产生一个随机数，根据随机数，在西游路线图中展示身份。效果如图 7.2 所示。

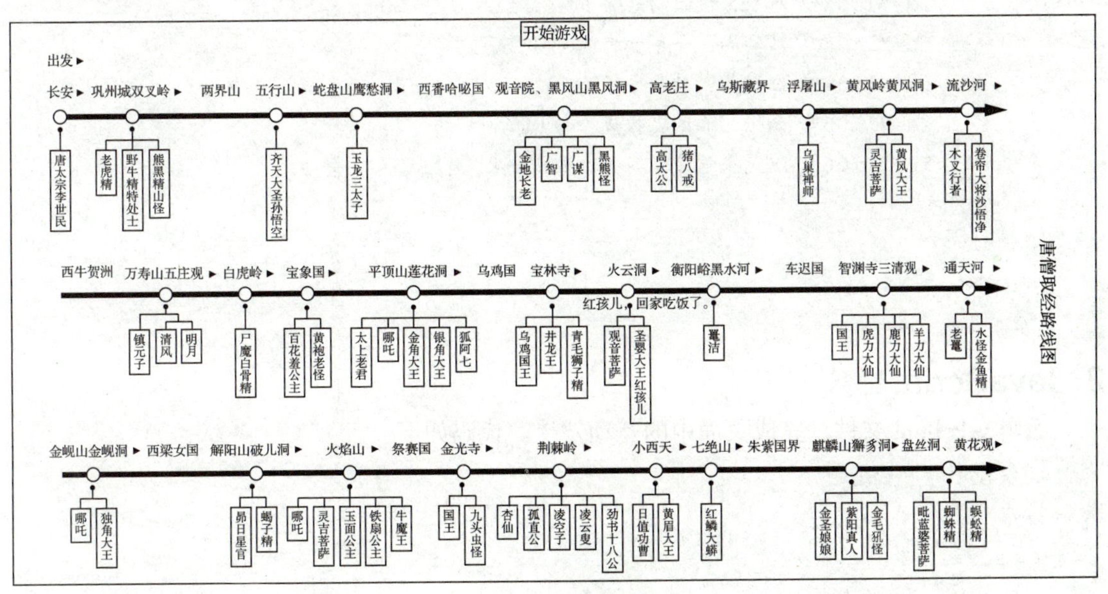

图 7.2　西游路线图

根据最终效果，对案例进行分析，通过以下几个方面实现：

（1）HTML 部分。按钮元素、图片元素、div 元素。

（2）CSS 部分。为展示身份的元素起特定的 ID 名并进行定位。

（3）JavaScript 部分。实现单击开始游戏按钮时产生随机数，根据随机数控制其他元素的隐藏和身份元素的显示。

2. 设计思路

（1）设计开始游戏按钮、制作身份元素。

（2）利用 CSS 完成页面元素定位。

（3）通过编写 JavaScript 实现游戏功能。

7.2.2 案例实现

1. HTML 部分

新建 xylx.html 文件，完成游戏界面制作，同时设置元素的 id 属性。代码如下：

```
<!DOCTYPE html>
<html>
<head>…</head>
<body>
  <button id="startGame"> 开始游戏 </button>
  <div>
   <img src="img/xiyouluxiantu.jpg">
   <ul>
     <li id="li01">你难道是孙悟空的转世？ </li>
     <li id="li02">八戒，该回高老庄了！ </li>
     <li id="li03">沙和尚，今年贵庚？ </li>
     <li id="li04">红孩儿，回家吃饭了。</li>
     <li id="li05">妖怪，你休要躲藏。</li>
     <li id="li06">这是个意外，不如你再点一次。</li>
    </ul>
  </div>
</body>
</html>
```

2. JavaScript 部分

编辑 xylx.html 文件，完成页面中的互动效果。代码如下：

```
<!DOCTYPE html>
<html>
<head>
  <title> 西游路线图 </title>
  <meta charset="utf-8">
  <script type="text/javascript">
   function $(id){return document.getElementById(id);}
   function GetRandomNum(min,max){
                var range = max - min;
                var rand = Math.random();
                return(min + Math.round(rand * range));
```

```
        }
        $("startGame").onclick=function(){
                var randomi=GetRandomNum(0,5);
                var lis=$("roles").getElementsByTagName("li");
                for(var i = 0; i < lis.length; i++){
                        console.log(randomi);
                        lis[i].style.display="none";
                        if(randomi==i){
                                lis[i].style.display="block";
                        }
                }
        }
    </script>
</head>
<body>
...
```

7.2.3 知识点讲解——函数与DOM模型

1. 函数

函数在任何一种语言中都有重要的地位，简单来说，函数就是封装在一起的可以重复调用执行的程序代码。在 JavaScript 中，函数即对象，程序可以随意操控它们，可以将函数赋值给变量，也可以将函数作为参数传递给其他函数，还可以在函数内部定义函数。

1）函数的定义

```
//直接定义函数
function funcname([arg1 [,arg2 [...,argn]]]){
    statement;
}
//在函数表达式中定义函数将其赋值给变量f
var f=function [funcname]([arg1 [,arg2 [...,argn]]]){
    statement;
}
//构造函数创建匿名函数，不推荐使用
var functionName = new Function(['arg1' [,'arg2' [...,'argn']]],'statement;');
```

函数定义都是从关键字 function 开始的，跟随其后的有以下部分组成。

（1）funcname 是要声明的函数名标识符，遵守标识符命名规则，在函数表达式中，函数名是可选的。

（2）一对圆括号，其内是 0 个以上的参数列表，参数之间使用逗号分隔。当调用函数时，这些标识符则指代传入函数的实参。

（3）一对花括号，其内是函数体，当函数被调用时就会执行函数体。需要注意的是，花括号是必需的，即便函数体只有一条 JavaScript 语句，也必须用花括号括起来。

2）函数的返回值

return 语句用来返回函数调用后的返回值。函数体中可以没有 return 语句，如果没有 return 语句，函数会顺序执行函数体中的 JavaScript 语句直到函数结束。如果有 return 语句，函数会在遇到 return 时终止函数体，并将 return 后表达式的值返回给调用程序。

```
function addNumber(a,b){ return a+b;}
console.log(addNumber(1,2));// 控制台输出结果 3
```

3）函数的调用

函数只有被调用后才会执行，一共有 4 种调用方式：函数调用、方法调用、构造器调用和间接调用，这里只介绍两种。

（1）函数调用，函数作为本身含义被调用，如在函数返回值时编写的加法函数示例。

（2）方法调用，函数存在对象内部，作为一个方法存在，调用时必须根据对象使用。

```
var Tom={
 age:1,
 bornYear:function(){
   date=new Date();
   this.by=date.getFullYear()-this.age;
   }
 }
Tom.bornYear();
alert(Tom.by);
```

2. 数组

数组是用来存放一系列值的有序集合，JavaScript 数组中的元素可以是任意类型的，索引值从 0 开始，数组长度是动态的，可以根据需要增加或者缩减。

1）定义数组

在 JavaScript 中定义数组简单而方便，下面代码可以说明问题：

```
var empty=[];// 没有任何元素的空数组
var threeNumber=[1,2,3];// 有 3 个数值的数组
var differentElement=[2.5,true,"中国",3];// 有不同类型数据的数组
var undefinedElement=[1,,3];// 数组有 3 个元素，第二个元素 undefined
var myBooks=new Array();// 用构造函数 Array() 创建数组，数组内容空
myBooks[0]="移动 WEB 开发";
myBooks[1]="好好学习，天天向上";// 为数组赋值，数组长度变为 2
var ourStudents=new Array(20);// 创建数组并声明长度为 20
var myPhones=new Array("小米","Apple","HUAWEI");// 创建数组并赋值
```

2）访问数组

通过指定数组名以及索引号码，可以访问某个特定的元素。

```
var myPhones=new Array("小米","Apple","HUAWEI");// 创建数组并赋值
console.log(myPhones[0]);// 控制台输出 "小米"
myPhones[1]="苹果";// 将数组的第一个元素修改为苹果
```

3）数组长度

每个数组都有一个 length 属性，它用来代表数组中元素的个数。当把数组的长度设置为小于当前长度的值时，数组将删除大于长度的那些数组元素。

```
var myNum=new Array(1,2,3,4,5,6);// 创建数组并赋值
console.log(myNum.length);// 控制台输出 6
myNum.length=3;// 现在 myNum 数组为 [1,2,3]
```

4）数组元素的添加和删除

JavaScript 中数组有一些定义好的操纵数组元素的方法，如 pop( )，作用是删除并返回数组的最后一个元素。

```
var myNum=new Array(1,2,3,4,5,6);// 创建数组并赋值
console.log(myNum.pop());// 删除并返回数组的最后一个元素，控制台输出 6，现在数组为 [1, 2, 3, 4, 5]
console.log(myNum.push("one","two"));// 向数组的末尾添加一个或更多元素，并返回新的长度。控制台输出 7，现在数组为 [1, 2, 3, 4, 5, "one", "two"]
console.log(myNum.shift());// 删除并返回数组的第一个元素，控制台输出 1，现在数组为 [2, 3, 4, 5, "one", "two"]
console.log(myNum.unshift("first"));// 向数组的开头添加一个或更多元素，并返回新的长度。，控制台输出 7，现在数组为 ["first", 3, 4, 5, "one", "two"]
```

5）遍历数组元素

数组元素的遍历是在程序编写过程中经常用到的功能，一般是用 for 循环进行遍历，也可以使用 for...in... 循环。

```
var myNum=new Array(1,2,3,4,5,6);// 创建数组并赋值
for(var i = 0,len=myNum.length; i <len; i++){
    // 循环体
}
```

3. DOM 模型

DOM 文档对象模型，自从 W3C 建立了 DOM 标准，它的运用越来越广泛，这里只谈论 HTML DOM，定义了所有 HTML 元素的对象和属性，以及访问它们的方法。

在 HTML DOM 中，所有事物都是节点，因此整个 HTML 构成一棵节点树，如图 7.3 所示。

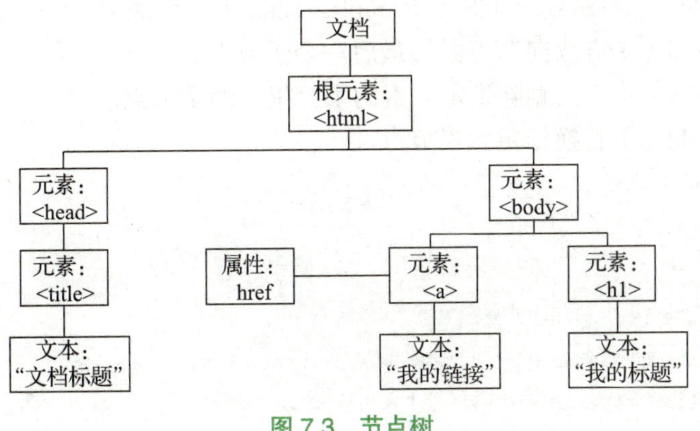

图 7.3 节点树

节点树中的节点彼此拥有层级关系。用父节点、子节点和兄弟节点描述。

（1）html 是顶部节点，被称为根节点。

（2）除了根节点，每个节点都有父节点，如 head 的父节点是 html。

（3）一个节点可能拥有任意多个子节点，如 body 下的子节点是 a、h1。

（4）拥有相同父节点的节点被称为兄弟节点，如 a、h1 在该例中为兄弟节点。

1）getElementById（）方法

getElementById（）方法返回带有指定 ID 的元素，该方法只有一个参数，想要获得的那个元素的 ID 属性值，这个值必须放在单引号或双引号中。

```
document.getElementById("anli").style.backgroundColor="pink";
```

2）getElementsByTagName（）方法

getElementsByTagName（）方法返回包含带有指定标签名称的所有元素的节点列表（集合 / 节点数组），通过遍历数组可以获得每一个节点。

```
var lis=document.getElementsByTagName("li");
for (var i = lis.length - 1; i >= 0; i--) {
  lis[i].style.border="2px solid green";
}
```

3）Node 对象

在节点树中，所有的节点都可以看做 Node 对象。Node 对象有下列属性：

（1）parentNode 该节点的父节点。

（2）childNodes 该节点的所有子节点集合，实时变动。

（3）firstChild、lastChild 该节点的第一个节点和最后一个节点。

（4）nodeType 该节点的类型，如 1 代表元素、2 代表属性、3 代表文本。

（5）nodeValue 代表节点文本内容。

（6）nodeName 代表节点的标签名。

```
<p id="intro">Hello World!</p>
<script type="text/javascript">
  x=document.getElementById("intro");
  document.write(x.firstChild.nodeValue);
</script>
```

4）appendChild（）、removeChild（）、replaceChild（）方法

（1）appendChild（）方法向节点添加最后一个子节点。

（2）removeChild（）方法删除指定元素的某个指定的子节点。

（3）replaceChild（）替换指定元素节点。

```
<ul id="list">
  <li>苹果</li>
</ul>
<input type="text" id="litxt">
<button onclick="addList()">添加</button>
<button onclick="removeList()">删除</button>
```

```
<button onclick="replaceList()">替换</button>
<script type="text/javascript">
function addList(){
   var nodeLi=document.createElement("li"); //创建 li 节点
   var nodeTxt=document.getElementById("litxt").value;// 获取文本
   var nodeLiTxt=document.createTextNode(nodeTxt)// 创建文本节点
   nodeLi.appendChild(nodeLiTxt); // 把文本节点追加到 li 节点
   document.getElementById("list").appendChild(nodeLi);// 添加到节点
}
function removeList(){
   var list=document.getElementById("list");// 获取文本
   list.removeChild(list.lastChild);
}
function replaceList(){
   var textnode=document.createTextNode("榴莲");
   var item=document.getElementById("List").childNodes[0];
   item.replaceChild(textnode,item.childNodes[0]);// 替换节点
}
</script>
```

7.2.4 案例练习

（1）微信中有个很萌的功能，当你点击剪刀石头布表情包时，会随机产生其中的一个动作，通信的双方利用它可以玩一些简单的小游戏，你能用 JavaScript 实现吗？

扫一扫：查看分析和解答（1）

（2）小说阅读网站有一个很常见的功能，更换背景颜色，以保护读者的眼睛，防止视觉疲劳，编程完成它。

扫一扫：查看分析和解答（2）

（3）购物网站上经常可以看到商品展示细节的 JavaScript 效果，使用所学到的知识实现该效果。

扫一扫：查看分析和解答（3）

7.3 【案例19】JavaScript的事件与动画

7.3.1 案例分析—— 制作定时关闭的广告

1. 需求分析

在互联网经常见到的定时关闭广告特效，在网页打开后会显示广告，展示一段时间后，广告自动消失，效果如图 7.4 所示。

图 7.4 定时关闭广告

根据最终效果，对案例进行分析，通过以下几个方面实现。

（1）HTML 部分。div 元素、图片元素、文本元素。

（2）CSS 部分。对广告进行定位美化，固定在页面右下角。

（3）JavaScript 部分。广告在展示某个时间后自动关闭。

2. 设计思路

（1）设计右下角的广告。

（2）利用 CSS 完成广告定位和美化。

（3）通过编写 JavaScript 实现定时关闭功能。

7.3.2 案例实现

1. HTML 部分

新建 dsgg.html 文件，完成网页中广告部分制作，同时设置元素的 id 属性。代码如下：

```
<!DOCTYPE html>
<html>
<head>…</head>
<body>
<div id="ad">
   <span>广告 <i id="t">5</i>秒后关闭 </span>
   <img src="erweima.jpg">
</div>
</body>
</html>
```

2. JavaScript 部分

继续编辑 dsgg.html 文件，完成页面中的广告定时关闭效果。代码如下：

```
<!DOCTYPE html>
<html>
<head>
<title>定时广告制作 </title>
<meta charset="utf-8">
<script type="text/javascript">
window.onload=function(){
   var i=5;
   var st=null;
   st=setInterval(fn,1000);
   function fn(){
          i--;
          if(i<0){
                 clearInterval(st);
                 document.getElementById("ad").style.display="none";
          }
          else{document.getElementById("t").innerHTML=i;}
   }
}
```

```
</script></head>
<body>
…
```

7.3.3　知识点讲解——JavaScript的事件与动画

1. 定时器

定时器是 JavaScript 提供的定时执行代码的函数，分别是 setTimeout（）和 setInterval（）。

1）setTimeout（）

setTimeout 函数用来指定延时执行某段代码，它返回一个整数，表示定时器的编号，以后可以用来取消这个定时器。

```
var timerId = setTimeout(func[|code], delaytime);
```

setTimeout 函数可设多个参数，常见的是接受两个参数。func[|code] 是将要推迟执行的函数名或一段代码; delaytime 是延时执行的毫秒数。

2）setInterval（）

setInterval 函数用来指定每隔一段时间就执行一次某段代码，也就是无限次地定时执行，它同样可返回一个整数，表示定时器的编号，以后可以用来取消这个定时器。

```
var timerId = setTimeout(func[|code], spacetime);
```

setInterval（）函数可设多个参数，常见的是接受两个参数。func[|code] 是将要间隔执行的函数名或者一段代码; spacetime 是间隔执行的毫秒数。

3）clearTimeout（），clearInterval（）

setTimeout 和 setInterval 均能返回一个表示计数器编号的整数值，将该整数传入 clearTimeout 和 clearInterval 函数，可以取消网页中对应的定时器。

4）运行原理

JavaScript 的代码在正常情况下是顺序执行的，setTimeout 和 setInterval 的运行机制有所不同。它们是将指定的代码移出本次执行，等到下一轮事件循环时，先判断是否到了规定时间。如果时间到了，就执行对应的代码，如果时间不到，就等到下一轮事件循环时重新判断。

setTimeout 和 setInterval 是将任务添加到“任务队列”尾部。因此，它们实际上要等到当前脚本的所有同步任务执行完，然后再等到本次事件循环的“任务队列”的所有任务执行完，才会开始执行。由于前面的任务到底需要多少时间执行完，是不确定的，所以没有办法保证，setTimeout 和 setInterval 指定的任务一定会按照预定时间执行。

```
setInterval(function(){console.log(2);},10);
alert("强行终止");
```

上面代码 setInterval 要求 10 毫秒执行一次，在控制台输出 2，但在实际运行中，只要不单击 alert 弹出的确定按钮，setInterval 就不会执行。

2. offset

JavaScript 中有几个常用的坐标属性，分别是 offset、scroll、client。其中 offset 用来获取元素尺寸，它包含 offsetWidth 和 offsetHight、offsetLeft 和 offsetTop，以及 offsetParent。

1）offsetWidth 和 offsetHight

返回该对象的宽度和高度，返回值为数字。

```
offsetWidth ==width+padding+border
offsetHeight ==Height+padding+border
```

2）offsetLeft 和 offsetTop

返回该对象距离（带有定位的）父级元素左边 / 上边的位置。

如果父级元素均没有定位则以 body 为准。offsetLeft 从父级的 padding 开始计算，父级的 border 不计算。在父级元素有定位的情况下，offsetLeft 得到的数值与 style.left 得到的数值是一致的。

注意：这里的父级指所有上一级，不仅仅指父亲。

3）offsetParent

返回该对象的（带有定位的）父级元素。

如果该对象的父级元素没有进行 CSS 定位（position 为 absolute 或 relative，fixed），offsetParent 为 body。如果该对象的父级元素中有 CSS 定位，offsetParent 取最近的那个父级元素。

用一段简单的程序说明 offset：

```
<!DOCTYPE html>
<html>
<head>
  <title>offset 的使用 </title>
  <meta charset="utf-8">
  <style type="text/css">
        *{margin: 0px;padding: 0px;}
        #father{width: 300px;height: 200px;margin: 50px;padding: 50px;
             border:1px solid black;position: relative; }
        #son{width: 100px; height: 100px;background-color: purple;}
  </style>
</head>
<body>
<div id="father"><div id="son"></div></div>
<script type="text/javascript">
  var f=document.getElementById("father");
  var s=document.getElementById("son");
  console.log(f.offsetWidth);// 402
  console.log(f.offsetHeight);// 302
  console.log(s.offsetLeft);// 50
  console.log(s.offsetTop);// 50
  console.log(s.offsetParent.id);// father
</script>
</body>
</html>
```

3. event 事件

event 对象是 JavaScript 中一个非常重要的对象，用来表示当前事件。event 对象的属性和方法包含了当前事件的状态。当前事件是指正在发生的事件；状态是与事件有关的性质，如引发事件的 DOM 元素、鼠标的状态、键盘按下的键等。event 对象只在事件发生的过程中才有效。

```
elementObject.eventOccur=function(event){
var eve=event; // 声明一个变量来接收 event 对象
}
```

注意：对于 IE8.0 及其以下版本，event 必须作为 Window 对象的一个属性。

```
elementObject. eventOccur =function(){
  var eve=window.event; // 声明一个变量来接收 event 对象
}
```

下面代码完成一个鼠标跟随动画效果：

```
<!DOCTYPE html>
<html>
<head>
  <title></title>
  <meta charset="utf-8">
  <style type="text/css">
     #img{width: 50px; height: 50px;
  position: absolute; left: 0; top: 0;}
  </style>
</head>
<body>
<img src="images/img.jpg" id="img">
<script type="text/javascript">
  var img=document.getElementById("img");
  var leaderX=0,leaderY=0;
  var targetX=0,targetY=0;
  setInterval(function(){
        leaderX=leaderX+(targetX-leaderX)/10;
        leaderY=leaderY+(targetY-leaderY)/10;
        img.style.left=leaderX+"px";
        img.style.top=leaderY+"px";
  },10);
  document.onclick=function(event){
        var event=event||window.event;
        targetX=event.clientX-img.offsetWidth/2;
        targetY=event.clientY-img.offsetHeight/2;
  }
```

```
</script>
</body>
</html>
```

7.3.4 案例练习

（1）我们经常会在网页中见到这样的功能，离活动结束还有多长时间，使用定时器实现倒计时功能。

（2）如今的网页页面长度超长，有时用户想要从浏览位置回到顶端，使用浏览器自带的滚动条不够便捷，很多开发者都会设计一个回到顶端的功能，试着实现它。

（3）轮播图是网页中经常见到的一种特效，它能够自由地在多张图片之间切换，在有效的空间中展现更多的内容，你能通过本章的知识实现这个功能吗？

扫一扫：查看分析和解答（1）

扫一扫：查看分析和解答（2）

扫一扫：查看分析和解答（3）

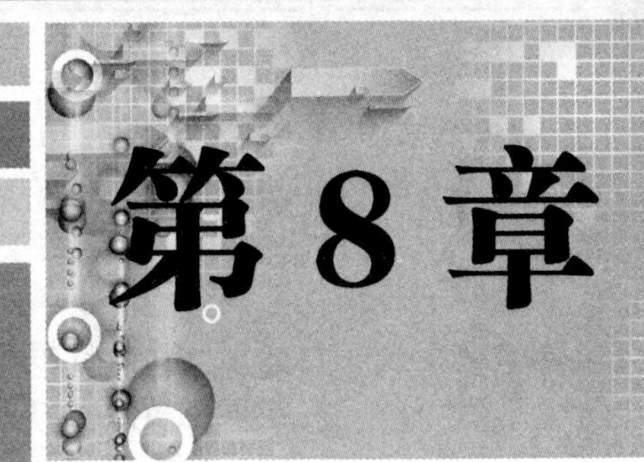

第 8 章

火爆的 JQuery

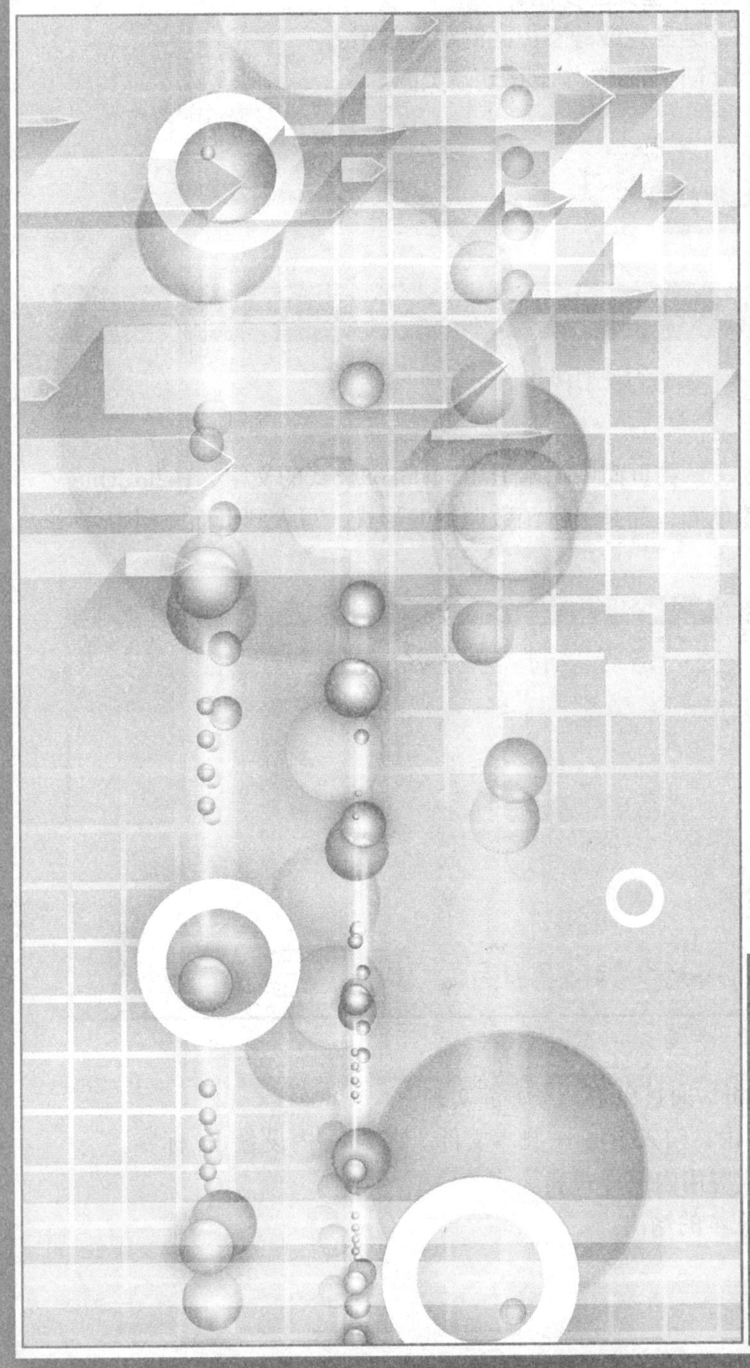

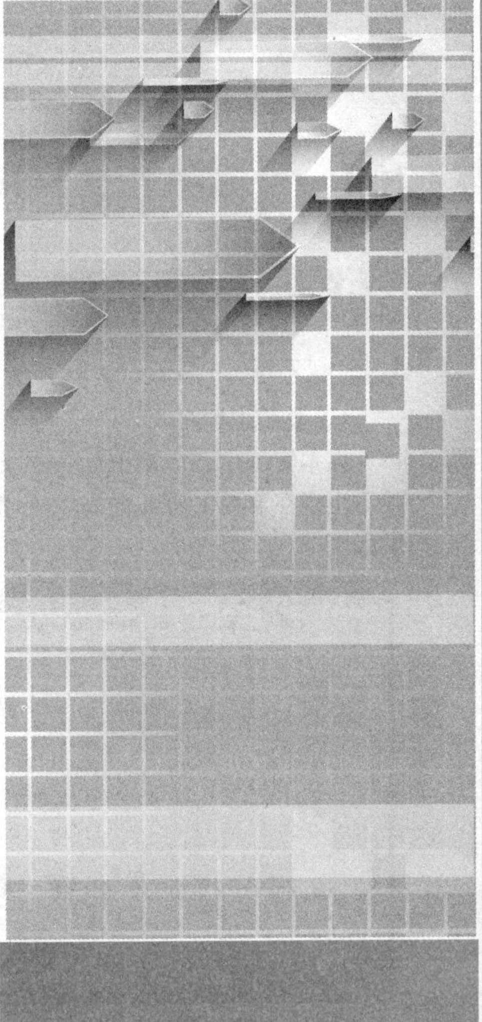

JQuery 是快速的、小巧的、功能丰富的 JavaScript 库，它使 HTML 文档遍历、事件处理、动画和 Ajax 等操作更加简单，在许多浏览器中均支持 JQuery 使用。它结合了多功能性和可扩展性，jQuery 改变了数百万人编写 JavaScript 的方式。

本章重点 ⇨
1. 理解 JQuery 框架的使用方式。
2. 掌握 JQuery 基础语法。
3. 掌握 JQuery 选择器、事件和动画效果。
4. 掌握 JQuery 中对 html 和 css 的操作方法。
5. 掌握 JQuery Mobile 框架的使用。
6. 能够利用 JQuery 语言完成静态页面的动态效果。
7. 能够利用 JQuery Mobile 制作出移动端页面。

8.1 【案例20】JQuery入门

8.1.1 认识JQuery

1. 案例分析——Hello JQuery 文字的输出

1）需求分析

在本案例中，应用 JQuery 的方法，在页面中输出 Hello JQuery 样式的文字，Hello JQuery 并不出现在 HTML 页面的 body 标签里面，而是通过函数调用的形式，写入到页面文档中。效果如图 8.1 所示。

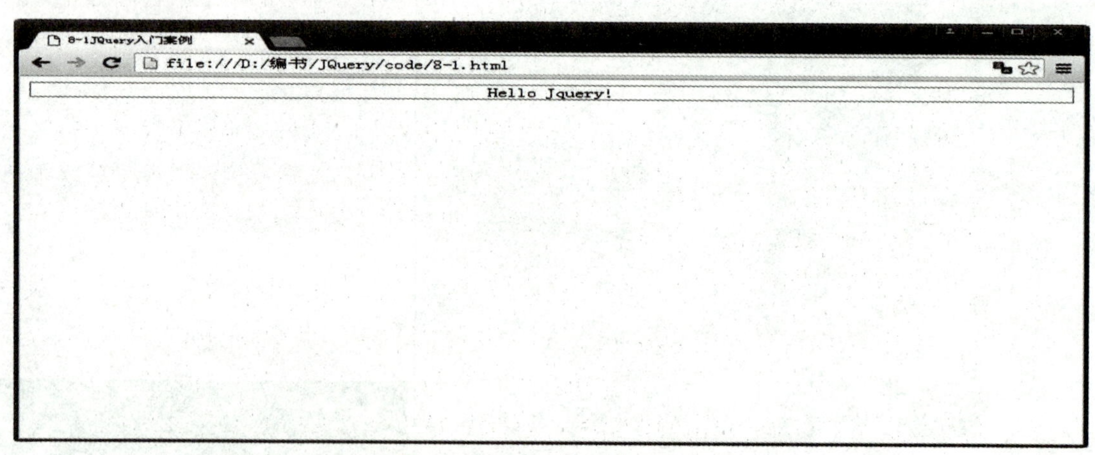

图 8.1　JQuery 代码实现效果

根据最终效果，对案例进行分析，通过以下几个方面实现。

（1）HTML 部分，在 head 标签内，引入 JQuery 脚本文件。在 body 内设置 div 标签。

（2）CSS 部分。为 div 设置样式应用内嵌样式表。

（3）JQuery 部分。实现 div 内文本的输出。

2）设计思路

（1）设计网页的整体布局，并引入 JQuery 脚本。

（2）利用 CSS 美化页面。

（3）通过编写 JQuery 脚本程序实现文本输出功能。

2. 实现步骤

使用 Sublime 直接进行 HTML 代码的开发，把 CSS 和 JQuery 内嵌到页面文件中，代码如下：

```
<!DOCTYPE html>
<html lang="en">
<head>
   <meta charset="UTF-8">
   <title>8-1JQuery 入门案例 </title>
   <style type="text/css">
    div{
          pading:8px 0px;
          font-size: 16px;
          text-align: center;
          border:solid 1px #888;
      }
   </style>
   <script type="text/javascript" src="js/jquery-3.3.1.min.js">
   </script>
   <script type="text/javascript">
          $(document).ready(function(){
                 $("div").html("Hello Jquery!");
          });
   </script>
</head>
<body>
   <div></div>
</body>
</html>
```

3. 知识点讲解

JQuery 是由美国人 John Resing 于 2006 年创建的一个开源项目。越来越多的技术开发者加入到了 JQuery 的使用行列，因此随着技术队伍的壮大，JQuery 拥有了全球最为广发的使用群体。JQuery 是迄今为止最强大的 JavaScrpt 库，在此基础上构建了一些功能强大的框架，如 JQuery Mobile。

1）JQuery 的基本功能

（1）访问和操作 DOM 模型。使用 JQuery 库，可以很方便地操作和访问文档对象模型。DOM 是 HTML 代码在客户端显示的中转解析模型。客户端看到的页面其实并不是由 HTML 生成的，而是由 DOM 解析生成的。从服务器下载的 HTML 代码到客户端本地浏览器后，浏览器把 HTML 代码解析成文档对象模型（DOM），从而把页面展现在用户面前。因此对 DOM 的操纵才是改变页面最直接和最根本的操作方法。

（2）控制页面样式。通过 JQuery 操作 CSS 层叠样式表，让页面的显示更加丰富和多样化。通过 JavaScript 控制样式一般都是行内样式，操作起来比较烦琐。高度封装的 JQuery 操作样式表更加简单，而且其还能够完美解决由于浏览器不兼容问题出现的页面样式走形。

（3）对页面事件的处理。引入 JQuery 框架后，对页面的事件处理变得简单。通过 JavaScript 控制页面事件时，往往需要注意代码编写的位置。而引入 JQuery 后，全都放在 head 标签即可，并通过 document.ready 方法完美解决页面加载顺序导致的代码执行顺序问题。实现了先加载页面后加载方法的分布式加载。

2）JQuery 的下载与环境搭建

在 JQuery 的官方网站（http://jquery.com）下载最新版的 JQuery 文件库。搭建 JQuery 开发环境会十分简单。JQuery 不需要安装任何软件，只需要在 html 的 <head></head> 标签中引入 JQuery 文件即可。

3）JQuery 的代码风格

（1）使用美元符号“$”。在 JQuery 的程序中，使用最多的莫过于“$”美元符号了，无论是页面元素的选择、功能函数的前缀等都是用此符号，可以说这个符号就是 JQuery 的标志符号。例如，下面的代码：

```
$("div").html("Hello Jquery!");
```

（2）代码注释。由于 JQuery 本质是 JavaScript。因此其代码注释遵循 JavaScript 的代码注释风格，一般“//”这种注释表示单行注释。一个程序尤其是脚本程序，良好的注释对于程序的可读性帮助很大。因此注释是必不可少的。一个好的程序注释的数量一般不会少于代码的数量。

（3）链式编程。JQuery 的目标就是简洁高效，因此其代码的设计初衷就是少量的代码实现复杂的功能，而链式编程恰恰能证明这一点。

4）代码分析

```
$(document).ready(function(){
                //程序段
        });
```

这段代码类似于传统的 JavaScript 代码中的

```
Window.onload=function(){
                //程序段
        }
```

上述代码中 JQuery 代码可以执行多次，并且在页面框架加载完毕后就可以执行，而 JavaScript 代码需要在整个页面都加载完毕后才能执行，如果此过程中有某些元素因为路径问题或大小问题没有能够加载，则代码就不会被执行。

JQuery 还有简写方法 $(document).ready(function(){}) 的代码片段可以简写成 $(function(){})。

4. 案例练习

菜单几乎是每个页面都会实现的功能，菜单的弹出和隐藏功能利用 JQuery 会相当简洁，那么就在页面中实现菜单的打开和隐藏功能，具体要求如下：设置两个 div 标签，页面加载时只显示第一个 div，当用户单击第一个 div 时显示出第二个 div 的内容。

8.1.2　使用JQuery的选择器

1. 案例分析

1）需求分析

在案例中，新建一个 HTML 页面，页面中包含两个 <div> 标记，其中一个设置 ID 属性，另一个设置 Class 属性；再增加一个 <span> 标记，全部元素初始值均为隐藏，然后通过应用 JQuery 基本选择器选择相应的元素并进行显示。效果如图 8.2 所示。

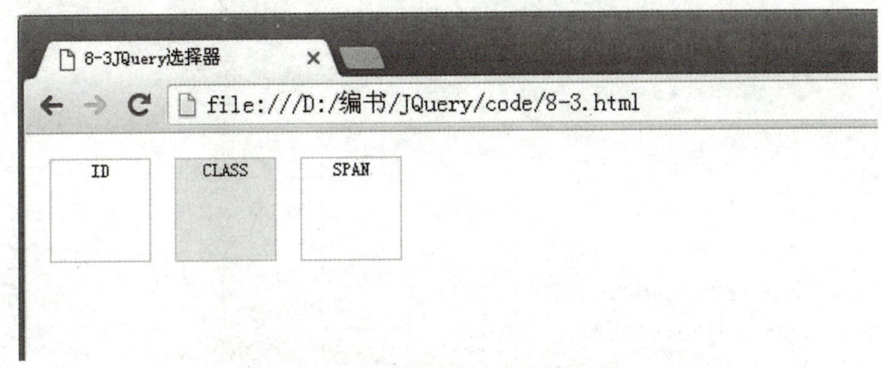

图 8.2　HTML 页面效果

根据最终效果，对案例进行分析，通过以下几个方面实现。

（1）HTML 部分，在 head 标签内，引入 JQuery 脚本文件。在 body 内设置 div 和 span 标签，并设置其 id 和 class 的属性

（2）CSS 部分。为 div 和 span 设置样式应用内嵌样式表。

（3）JQuery 部分。通过 $ 选择器，对 id 和 class 对应元素进行选取。

2）设计思路

（1）通过 div 和 span 设计网页的整体结构。

（2）利用 CSS 设置对应元素的样式，进行美化。

（3）通过 JQuery 的元素选择器，对相关元素进行选取。

2. 实现步骤

```
<!DOCTYPE html>
<html lang="en">
<head>
   <meta charset="UTF-8">
   <title>8-3JQuery 选择器 </title>
   <script type="text/javascript"src="js/jquery-3.3.1.min.js">
</script>
   <style type="text/css">
      body{font-size: 12px;text-align: center;}
      .clsFrame{width: 300px; height: 100px;}
```

```
        .clsFrame div,span{ display: none; float: left; width: 65px; height: 65px;border:solid 1px #ccc; margin:8px; }
        .clsOne{background-color: #eee;}
    </style>
    <script type="text/javascript">
            $(function(){ //ID 匹配元素
                    $("#divOne").css("display","block");
                    //元素名称匹配元素
                    $("div span").css("display","block");
                    //类匹配元素
                    $(".clsFrame .clsOne").css("display","block");
                    //合并匹配元素
                    $("#divOne,span").css("display","block");
            });
    </script>
</head>
<body>
    <div class="clsFrame">
            <div id="divOne">ID</div>
            <div class="clsOne">CLASS</div>
            <span>SPAN</span>
    </div>
</body>
</html>
```

3. 知识点讲解

JQuery 的选择器是核心内容，通过选择器完成元素的抽取。选择器一般分为基本选择器、层次选择器、过滤选择器、表单选择器等。其中，过滤选择器又分为简单过滤选择器、内容选择器。JQuery 对选择器做了大量的工作，但是选择器的使用却非常简单。

1）基本选择器

JQuery 的基本选择器一般应用于 class 选择、ID 选择和元素选择 3 种类型。JQuery 选择器应用较为普遍，其中 class 选择器的优势在于一次性能选出多个元素，并对多个元素进行设置。

2）层次选择器

层次选择器是通过 DOM 模型之间的层次关系完成元素的选取。其主要的层次关系有后代、父子、相邻和兄弟。通过其中某类关系可以方便快捷地定位元素，其详细说明如表 8-1 所示。

表 8-1 层次关系选择器语法表

选择器	功能描述	返回值
ancestor descendant	根据祖先元素匹配所有后代元素	元素集合
parent>chile	根据父元素匹配所有子元素	元素集合
prev+next	匹配所有紧跟在 prev 后的相邻元素	元素集合
prev~siblings	匹配 prev 元素之后的所有兄弟元素	元素集合

ancestor descendant 与 prant>child 选择器的元素集合是不同的，前者的层次关系是祖先与后代，而后者是父子关系。另外，prev+next 可以使用 .next（ ）来代替，而 prev~siblings 可以使用 nextAll（ ）来代替。

层次选择器是选择器中比较高级的应用。使用好层次选择器是作为 JQuery 工程师比较重要的实践技能。一般在元素的快速选取、批量操作、遍历中使用层次选择器较多。层次选择器的使用能极大地提高工作效率。

4. 案例练习

扫一扫：查看分析和解答

在一个页面中设置 4 个 div 标记，在第二个 div 标记中添加一个 span 标记，在该 span 标记中又新增一个 span 标记，全部元素初始隐藏，然后通过 JQuery 层次选择器显示相应的页面标记。

8.1.3 使用JQuery的事件

1. 案例分析

1）需求分析

在案例中，创建一个能被单击的按钮，并在按钮外面放置一个 div，当用户单击这个按钮时，触发按钮、div 和整个网页的 click 事件，并弹出"欢迎来到 JQuery 的事件处理"字样的提示语同时显示执行的次数。页面效果如图 8.3 所示。

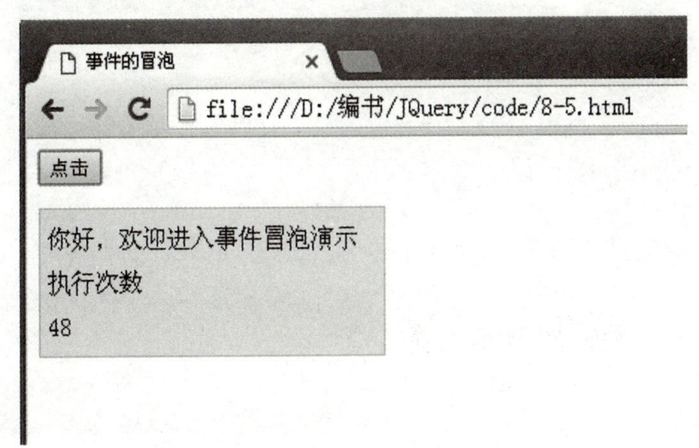

图 8.3 事件冒泡效果

根据最终效果，对案例进行分析，通过以下几个方面实现。

（1）HTML 部分，在 body 里写入 div 然后再写入一个 button。

（2）CSS 部分。为 div 设置样式和 button 的样式。

（3）JQuery 部分。实现元素的获取，事件的绑定，选中元素 css 属性的设置三部分功能。

2）设计思路

（1）设计网页的 body、div 和 input 的嵌套关系。

（2）利用 CSS 对 div 的显示与否进行设定。

（3）通过编写 JQuery 脚本程序实现事件冒泡功能。

2. 实现步骤

```
<!DOCTYPE html>
<html lang="en">
<head>
   <meta charset="UTF-8"><title>事件的冒泡</title>
   <script type="text/javascript" src="js/jquery-3.3.1.min.js">
</script>
   <style type="text/css">
      body{font-style: 12px;}
      .clsShow{border:#ccc 1px solid; background-color: #eee; margin-top:
15px; padding:5px; width: 220px; line-height: 1.8em; display: none;}
      .btn{ border:#666 1px solid; padding:2px; width: 50px; }
   </style>
   <script type="text/javascript">
         $(function(){var intI=0;//记录行数
               $("body,div,#btnShow").click(function(){ //单击事件
                     intI++;
                     $(".clsShow").show().html("你好，欢迎进入事件冒泡演示
").append("<div>执行次数<br>"+intI+"</b></div>");
               });   });
   </script>
</head>
<body>
   <div>
         <input id="btnShow" type="button" value="点击"/>
   </div>
   <div class="clsShow"></div>
</body>
</html>
```

3. 知识点讲解

当用户浏览页面时，浏览器会将页面代码解释或者编译，这一过程实质上就是通过事件来驱动的，既页面在加载时，执行一个 load 事件，在这个事件中实现浏览器编译页面代码的过程。事件无论在页面元素本身还是在元素与人机交互中，都占有十分重要的地位。

事件机制就是利用这种方式，实现程序客户端交互的过程。事件对于 JQuery 来说就是封装好的 JavaScript 事件函数，是 JavaScript 事件的增强版。

1）事件的冒泡

严格来说事件触发后存在两个阶段，一个是捕获，一个是冒泡。捕获多数浏览器都支持，但是冒泡每个浏览器的执行就会有所不同，JQuery 集成了多个浏览器的特点，使冒泡变得便于理解。事件冒泡的学习有利于大家理解 HTML 的解析过程，能够清楚地发现事件的实行过程，对程序的解读有很好的帮助。因此研究事件的冒泡是事件学习的必经之路。但是不

是所有的冒泡都是必须的，因此有些冒泡需要通过程序进行终止。

2）页面载入事件

在前面学过的 ready（ ）方法就是 JQuery 的页面载入事件。下面剖析一下 ready（ ）方法的工作原理。在 JQuery 脚本加载页面时，会设置一个 isReady 的标记，用于监听页面加载的进度。遇到执行 ready（ ）方法时候，通过查看 isReady 值是否被设置，如果被设置则表示页面未加载完成，在此情况下，将未完成的部分用一个数组缓存起来，当全部加载完毕后，再将未完成的部分通过缓存一一执行。

下面来看一个事件绑定的例子：

```
$(document).ready(function(){
                $("#btnShow").click(function(){
                //执行代码
});
         });
```

这就是一个典型的按钮单击事件的绑定方法，除此之外，还可以使用 bind（ ）方法来进行时间的绑定，语法格式如下

```
bind ( type, [data] , fn )
```

其中，参数 type 为一个或多个类型的字符串，如“click”或者“change”，也可以自定义类型；参数 data 是作为 event.data 属性值传递给事件的额外数据对象。参数 fn 是绑定到每个选择元素的事件中的处理函数。

4. 案例练习

扫一扫：查看分析和解答

在页面中，设置一个按钮，通过 bind（ ）方法给按钮绑定一个 click 事件，在该事件中，将自身是否可用的属性设置成 false，即单击按钮后就不可使用。

8.1.4 JQuery实训

1. 案例分析

1）需求分析

设计一个页面，页面包含 3 个 p 标签，当单击 p 标签时，p 标签的内容会随之消失。但是整个功能需要在代码加载完毕后执行。页面效果图如图 8.4 所示。

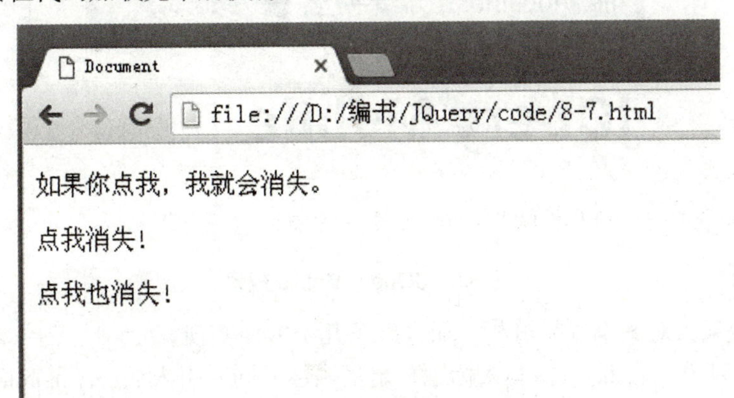

图 8.4 效果图

根据最终效果，对案例进行分析，通过以下几个方面实现。

（1）HTML 部分，在 body 里写入 div 三个并列的 div。

（2）CSS 部分。为 div 设置 display 属性，控制显示格式。

（3）JQuery 部分。实现元素的获取，事件的绑定，选中元素 css 属性的设置三部分功能。

2）设计思路

（1）设计网页的 3 个 div 关系。

（2）利用 CSS 对 div 的显示与否进行设定。

（3）通过编写 JQuery 脚本程序实现 div 的逐个消失功能。

2. 实现步骤

新建一个 HTML 文件，命名为 8-7.html，并实现如下代码：

3. 知识点讲解

（1）ready 方法。ready 是页面加载方法，一般写法为 document.ready（）。当页面被加载完毕后执行该方法，该方法里可以传递匿名函数，一般为 function（）{} 格式。

（2）click 方法的绑定。Click 是元素的单击时间，一般可以通过 $(“元素”).click(function（）{}) 的形式进行该选中元素的单击事件的绑定，click 函数的参数仍然可以是一个匿名函数。

（3）this 关键字。在本例中，this 关键一般指代的是调用该函数对应的元素。

8.2 【案例21】JQuery Mobile入门

8.2.1 认识JQuery Mobile

1. 案例分析

1）需求分析

创建一个 JQuery Mobile 的基本框架页面，并在页面中输出“Hello JQueryMobile”字样。实现移动端自适应的屏幕。效果图如图 8.5 所示。

图 8.5　JQuery Mobile 效果

根据最终效果，对案例进行分析，通过以下几个方面实现。

（1）HTML 部分，在 body 中写入标题自定义属性，同时引入 jquery mobile 库。

（2）CSS 部分。引入 JQuery mobile 样式表。

2）设计思路

（1）设计网页的代码结构。

（2）引入 CSS 的默认样式。

（3）通过设置元素的 data-* 属性完成自适应页面的创建。

2. 实现步骤

```
<!DOCTYPE html>
<html lang="en">
<head>
    <meta charset="UTF-8">
    <meta name="viewport" content="width=device-width" />
    <title>JQueryMobile</title>
    <link rel="stylesheet" type="text/css" href="JQueryMobile/jquery.
mobile-1.4.5
/jquery.mobile-1.4.5.css">
    <script type="text/javascript" src="js/jquery-3.3.1.min.js"></script>
    <script type="text/javascript" src="JQueryMobile/jquery.mobile-1.4.5/
jquery.mobile-1.4.5.js"></script>
</head>
<body>
    <div data-role="page">
        <div data-role="header"><h1>JQuery Mobile</h1></div>
        <div data-role="content"><p>Hello World!</p></div>
        <div data-role="footer">
            <h4></h4>
        </div>
    </div>
</body>
</html>
```

3. 知识点讲解

JQuery Mobile 是专门针对移动端浏览器开发的一套轻量级 Web 脚本框架。该框架基于 JQuery 和 JQueryUI，统一用户系统接口，能够无缝隙运行在所有流行的移动平台之上，易于主题化的设计与建造。它的出现，打破了传统 JavaScript 对移动端设备的脆弱支持，使开发一个跨移动平台的 Web 应用真正成为可能。

在 JQuery 与 JQuery UI 的基础之上，推出的 JQuery Mobile 框架，其主旨就是为开发者在进行移动项目开发的过程中，提供统一的接口与特征，依附于强大的 JQuery 类库，节省大量 JavaScript 代码的开发时间，提高项目开发的效率。

JQuery Mobile 框架经历几个版本的迭代，功能逐步趋于成熟，主要在响应式的 Web 设计优化，Ajax 功能的支持等方面逐步完善。下面开发第一个 JQuery Mobile 页面。

在本例中，在 head 标签中设置了 meta 中的 name 为 viewport，并设置了该元素的 content 属性，代码如下：

```
<meta name="viewport" content="width=device-width" />
```

这段代码的作用是：设置移动设备中浏览器缩放的宽度与等级。通常情况下，移动设备的浏览器会默认一个约 900px 的宽度来显示页面，这种宽度会导致屏幕缩小，页面放大，不适合浏览；这样设置后，页面的宽度可以自适应。

为了更好地在 PC 端浏览 JQuery Mobile 页面的最终效果，可以下载 Opera 公司的移动端模拟器 Opera Mobile Emulator。本节的案例均用这个模拟器进行演示。

扫一扫：查看分析和解答

4. 案例练习

在页面中，设置一个自适应的页面，当手机浏览时能弹出和隐藏菜单项。引用 JQuery Mobile 的默认样式和库函数实现。

8.2.2 使用JQuery Mobile

1. 案例分析

1）需求分析

新建一个 HTML 页面，在页面中添加一个 a 元素，并将该元素的 data-rel 属性设置为 dialog，表示以对话框的形式打开链接元素指定的目标 URL 地址。如图 8.6 所示。

对话框

点击打开对话框

图 8.6 对话框效果

根据最终效果，对案例进行分析，通过以下几个方面实现。

（1）HTML 部分，在 body 里写入对话框自定义属性，同时引入 jquery mobile 库。

（2）CSS 部分。引入 JQuery mobile 样式表。

2）设计思路

（1）设计网页的代码结构。

（2）引入 CSS 的默认样式。

（3）通过设置元素的 data-* 属性完成自适应页面的创建。

2. 实现步骤

新建一个 HTML 页面命名为 dh.html，并加入以下代码：

```
<html lang="en">
<head>
   <meta charset="UTF-8">
   <meta name="viewport" content="width=device-width" />
   <title>JQueryMobile 对话框案例 </title>
   <link rel="stylesheet" type="text/css" href="JQueryMobile/jquery.
```

```
mobile-1.4.5/
    jquery.mobile-1.4.5.css">
       <script type="text/javascript" src="js/jquery-3.3.1.min.js"></script>
       <script type="text/javascript" src="JQueryMobile/jquery.mobile-1.4.5/
    jquery.mobile-1.4.5.js"></script>
    </head>
    <body>
       <div data-role="page">
               <div data-role="header"><h1>对话框</h1>         </div>
               <div data-role="content"><p><a href="8-9-dialog.html" data-
rel="dialog" data-transition="pop">点击打开对话框</a> </p>   </div>
               <div data-role="footer">   <h4></h4></div>
       </div>
    </body>
    </html>
```

然后创建一个 dialog.html 页面代码如下：

```
    <!DOCTYPE html>
    <html lang="en">
    <head>
       <meta charset="UTF-8">
       <title>简单对话框</title>
       <meta name="viewport" content="width=device-width" />
    </head>
    <body>
       <div data-role="page">
               <div data-role="header">
                       <h1>对话框主题</h1>
               </div>
               <div data-role="content">
                       <p>对话框正文</p>
               </div>
               <div data-role="footer">
                       <h4>&copy2018</h4>
               </div>
       </div>
    </body>
    </html>
```

3. 知识点讲解

在 JQuery Mobile 中使用了 HTML5 的新特性——自定义元素属性（dataset）。该属性是 HTML5 新增加的特征，其格式要求属性名前必须带有“data-”字符，字符后面允许用户自定义属性名称，如下面代码：

上述代码在定义 div 元素时，使用 HTML5 中的自定义元素属性的方法新增了 title 和 time 两个属性，定义完成后可以通过 JavaScript 进行获取。

```
<div id="title" data-title="JQuery Mobile" data-time="2018-3-10">JQueryMobile</div>
```

1）对话框元素

在 JQuery Mobile 中，创建对话框的方式十分方便，只需要在指向页面的连接元素中添加一个 data-rel 属性，并将该属性值设置成 dialog，单击该连接时，打开的页面将以一个对话框的形式展现在浏览器中，当单击对话框中的任意链接时，打开的对话框将自动关闭，并以“回退”的形式切换至上一页。

2）工具栏元素

通常情况下，工具栏由移动应用的头部栏、工具条和尾部栏三部分组成，分别放置在移动应用程序对应的 3 个部分。

在本例中实现了对话框的显示，通过 HTML5 的专有属性实现了对话框的弹出和一些其他属性值的设置。

扫一扫：查看分析和解答

4. 案例练习

在页面中，制作主页和搜索两个工具栏，一个在顶部，一个在尾部，中间是显示的文本信息，页面做成手机屏幕自适应的。

8.2.3 实训：制作 JQuery Mobile 页面

1. 案例分析

1）需求分析

设计一个页面，页面包含 3 个 div，但是整个功能需要在代码加载完毕后执行。效果如图 8.7 所示。

图 8.7　页面效果

根据最终效果，对案例进行分析，通过以下几个方面实现。

（1）HTML部分，在body里写入div的data自定义属性，同时引入jquery mobile库。

（2）CSS部分。引入JQuery mobile样式表。

2）设计思路

（1）设计网页中div的布局方式和head中类库的引用的代码。

（2）引入CSS的默认样式。

（3）通过设置元素的data-*属性完成自适应页面的创建。

2. 实现步骤

新建一个HTML文件，命名为8-11.html，并实现如下：

```
<!DOCTYPE html>
<html lang="en">
<head>
    <meta charset="UTF-8">
    <meta name="viewport" content="width=device-width" />
    <title>JQueryMobile 页面 </title>
    <link rel="stylesheet" type="text/css" href="JQueryMobile/jquery.
mobile-1.4.5/jquery.mobile-1.4.5.css">
    <script type="text/javascript" src="js/jquery-3.3.1.min.js"></script>
    <script type="text/javascript" src="JQueryMobile/jquery.mobile-1.4.5/
jquery.mobile-1.4.5.js"></script>
</head>
<body>
<div data-role="page">
<div data-role="header">
    <h1> 欢迎来到我的主页 </h1>
</div>
<div data-role="main" class="ui-content">
    <p> 我现在是一个移动端开发者 !!</p>
</div>
<div data-role="footer">
    <h1> 底部文本 </h1>
</div>
</div>
</body>
</html>
```

3. 知识点讲解

1）jQuery Mobile的属性

jQuery Mobile依赖HTML5 data-*属性来支持各种UI元素、过渡和页面结构。不支持它们的浏览器将以静默方式弃用它们。

data-role=” page”是在浏览器中显示的页面。

data-role=” header”是在页面顶部创建的工具条（通常用于标题或者搜索按钮）。

data-role=” main”定义了页面的内容，如文本、图片、表单、按钮等。

“ui-content”类用于在页面添加内边距和外边距。

data-role=” footer”用于创建页面底部工具条。

在这些容器中可以添加任何 HTML 元素，如段落、图片、标题、列表等。

2）jQuery Mobile 事件

在 jQuery Mobile 中可以使用任何标准的 jQuery 事件 。

除此之外，jQuery Mobile 也提供了针对移动端浏览器的事件。

触摸事件：当用户触摸屏幕时触发。

滑动事件：当用户上下滑动时触发。

定位事件：当设备水平或垂直翻转时触发。

页面事件：当页面显示、隐藏、创建、加载或未加载时触发。

3）jQuery Mobile 布局

jQuery Mobile 提供了一套基于 CSS 的分列布局。然而，在移动设备上，由于考虑手机的屏幕宽度狭窄，一般不建议使用分栏分列布局。

但有时想要将较小的元素（如按钮或导航标签）并排地排列在一起，就像是在一个表格中一样。这种情况下，推荐使用分列布局。

网格中的列是等宽的（合计是 100%），没有边框、背景、margin 或 padding。

4. 案例练习

扫一扫：查看分析和解答

在页面中，应用 jQuery Mobile 制作一个响应式的网格页面，实现页面的自适应，同时应用自定义的网格 CSS 样式进行修饰。

第 9 章

流行的 BootStrap

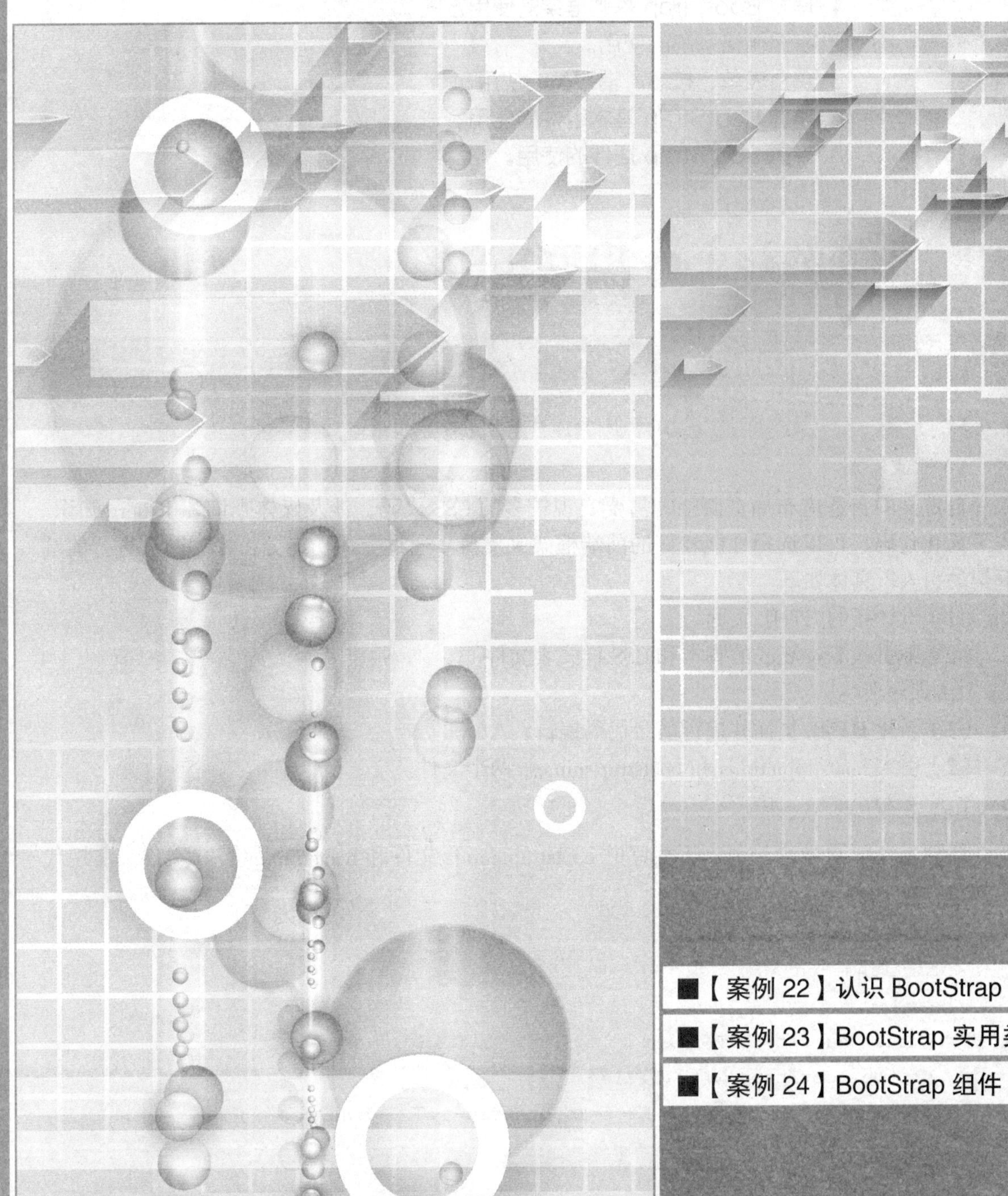

BootStrap是一个基于HTML、CSS和JavaScript的框架集。它起源于Twitter，是目前最受欢迎的前端框架。它的灵活多变，尤其是响应式开发，使得前台开发变得更加快捷、更加高效。本章主要讲解BootStrap的框架基础、栅格系统、表单按钮及各种组件。BootStrap提供了一个带有栅格系统、链接样式、背景的基本结构。同时在CSS配置上，BootStrap自带以下特性：全局的CSS设置、定义基本的HTML元素样式、可扩展的class等。在组件方面，BootStrap包含了几十个可重用的组建，用于创建图像、下拉菜单、导航等。在JavaScript插件上，BootStrap包含了十几个自定义的JQuery插件，功能较为全面。

本章重点 ⇨

1. 理解BootStrap基础框架的使用方式。
2. 掌握栅格系统的使用。
3. 掌握表单、按钮、辅助类的使用。
4. 掌握BootStrap基本组件的使用。
5. 掌握BootStrap插件的使用。

9.1 【案例22】认识BootStrap

9.1.1 BootStrap起步

1. 案例分析——自适应的BootStrap页面设计

1）需求分析

自定义的自适应布局页面往往需要实现较多的CSS代码，涉及媒体查询和JQuery知识。为了简化代码，可以选择性能较好的前端框架来支持。通过上述功能分析，对网页进行前端框架的引入，具体如下。

（1）设计新的HTML页面。

（2）不引入bootstrap的脚本和CSS样式表文件。

2）设计思路

（1）新建HTML页面并进行前台代码编辑。

（2）引入bootstrap.min.js和bootstrap.min.css两个文件。

2. 实现步骤

新建HTML页面，并引入下载好的bootstrap.min.js文件和bootstrap.min.css文件。实现代码如下：

```
<!DOCTYPE html>
<html lang="en">
<head>
   <meta charset="UTF-8">
   <title>BootStrap入门</title>
   <link rel="stylesheet" href="bootstrap-4.0.0-dist/css/
bootstrap.min.css">
```

```
    <script type="text/javascript" src="js/jquery-3.3.1.min.js">
</script>
        <div class="col-*-*"></div>
  </div>  </div>
</script>
    <script src="bootstrap-4.0.0-dist/js/bootstrap.min.js"></script>
</head>
<body>
    <h1>Hello, world!</h1>
</body>
</html>
```

3. 知识点讲解

Bootstrap 来自 Twitter，是目前很受欢迎的前端框架。Bootstrap 是基于 HTML、CSS、JavaScript 的，它简洁灵活，使得 Web 开发更加快捷。它由 Twitter 的设计师 Mark Otto 和 Jacob Thornton 合作开发，是一个 CSS/HTML 框架。Bootstrap 提供了优雅的 HTML 和 CSS 规范，它是由动态 CSS 语言 Less 编写成的。Bootstrap 一经推出后颇受欢迎，一直是 GitHub 上的热门开源项目，包括 NASA 的 MSNBC（微软全国广播公司）的 Breaking News 都使用了该项目。国内一些移动开发者较为熟悉的框架，如 WeX5 前端开源框架等，也是基于 Bootstrap 源码进行性能优化而来。可以从 http://getbootstrap.com/ 上下载 Bootstrap 的最新版本。当单击这个链接时，将看到如图 9.1 所示的网页。

Bootstrap

Build responsive, mobile-first projects on the web with the world's most popular front-end component library.

Bootstrap is an open source toolkit for developing with HTML, CSS, and JS. Quickly prototype your ideas or build your entire app with our Sass variables and mixins, responsive grid system, extensive prebuilt components, and powerful plugins built on jQuery.

Get started　Download

Currently v4.0.0

图 9.1　BootStrap 下载截图

BootStrap 分为预编译和已编译两种，如果使用的是未编译的源代码，需要编译 less 文件来生成可用的 css 文件。对于编译 less 文件，BootStrap 官方只支持 Recess，这是 Twitter 的基于 less.js 的 css 提示，如图 9.2 所示。

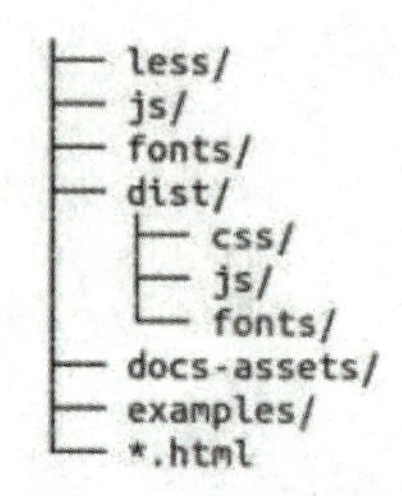

图 9.2　BootStrap 未编译目录

（1）less/、js/ 和 fonts/ 下的文件分别是 Bootstrap CSS、JS 和图标字体的源代码。

（2）dist/ 文件夹包含了上面预编译下载部分中所列的文件和文件夹。

（3）docs-assets/、examples/ 和所有的 *.html 文件是 Bootstrap 文档。

如图 9.3 所示，已编译后的 BootStrap 的代码结构。一般用已编译的代码就能够满足需求。

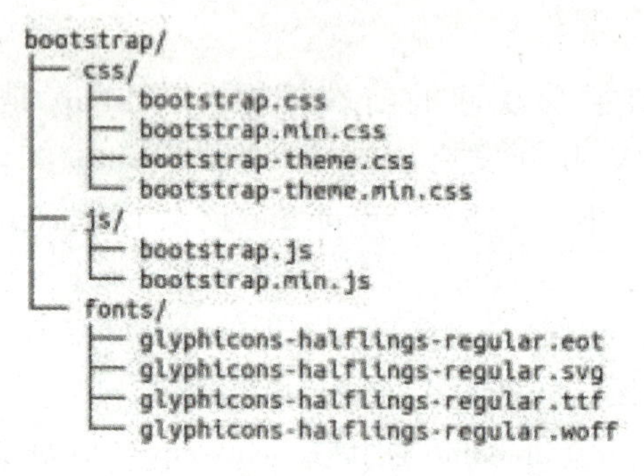

图 9.3　BootStrap 已编译目录

经过上面的介绍，相信大家对 BootStrap 已经有了系统的认知。下面来看 BootStrap 的第一个例子，通过输出 HelloWorld 引入 BootStrap 的学习。

扫一扫：查看分析和解答

4. 案例练习

（1）BootStrap 环境如何搭建？

（2）完成基于 BootStrap 框架的登录界面的设计。

9.1.2　栅格系统

1. 案例分析——栅格系统页面设计

1）需求分析

实现栅格系统对接横向的 4 个栅格响应式栅格系统。让 4 个栅格能够随着浏览器窗口的调整而自适应。实现效果图如图 9.4 所示。

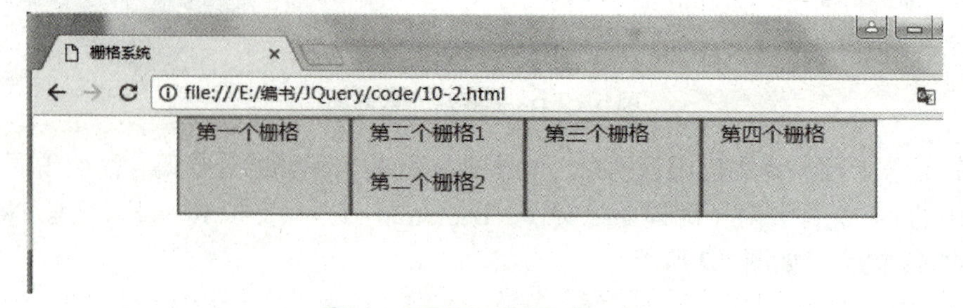

图 9.4　栅格系统案例效果图

2）设计思路

（1）规划网格布局，分为四栏布局。

（2）新建 HTML 文件，进行栅格系统的应用。

2. 实现步骤

首先对 bootstrap 和 jQuery 进行引入，完成功能库和样式表的引入。

```
<head>
    <link rel="stylesheet" href="bootstrap-4.0.0-dist/css/bootstrap.min.
css">
    <script type="text/javascript" src="js/jquery-3.3.1.min.js"></script>
    <script src="bootstrap-4.0.0-dist/js/bootstrap.min.js"></script>
</head>
```

然后对页面的 div 进行栅格化处理，实现代码如下：

```
<!DOCTYPE html>
<html lang="en">
<head>
    <!—此处引入 BootStrap 和 JQuery..........-->
</head>
<body>
<div class="container">
  <div class="row" >
      <div class="col-xs-6 col-sm-3" style="background-color: #dedef8;
          box-shadow: inset 1px -1px 1px #444, inset -1px 1px 1px #444;">
          <p> 第一个栅格 </p>
      </div>
       <div class="col-xs-6 col-sm-3" style="background-color: #dedef8;box-
shadow:
          inset 1px -1px 1px #444, inset -1px 1px 1px #444;">
          <p> 第二个栅格 1 </p> <p> 第二个栅格 2 </p>
      </div>
      <div class="clearfix visible-xs"></div>
      <div class="col-xs-6 col-sm-3"
          style="background-color: #dedef8;
          box-shadow:inset 1px -1px 1px #444, inset -1px 1px 1px #444;">
          <p> 第三个栅格 </p>
      </div>
       <div class="col-xs-6 col-sm-3" style="background-color: #dedef8;box-
shadow:
          inset 1px -1px 1px #444, inset -1px 1px 1px #444;">
          <p> 第四个栅格 </p>
      </div>
```

```
  </div>
 </div>
 </body>
 </html>
```

3. 知识点讲解

1）BootStrap 栅格系统的概念

首先来看一下 BootStrap 对栅格系统的官方定义：Bootstrap 包含了一个响应式的、移动设备优先的、不固定的网格系统，可以随着设备或视口大小的增加而适当地扩展到 12 列。它包含了用于简单布局选项的预定义类，也包含了用于生成更多语义布局功能强大的混合类。Bootstrap 3 是移动设备优先的，在这个意义上，Bootstrap 代码从小屏幕设备（如移动设备、平板电脑）开始，然后扩展到大屏幕设备（如笔记本电脑、台式计算机）上的组件和网格。

2）栅格系统的工作原理

网格系统通过一系列包含内容的行和列来创建页面布局。下面列出了 Bootstrap 网格系统是如何工作的。

（1）行必须放置在 .container class 内，以便获得适当的对齐（alignment）和内边距（padding）。

（2）使用行来创建列的水平组。

（3）内容应该放置在列内，且唯有列可以是行的直接子元素。

（4）预定义的网格类，如 .row 和 .col-xs-4，可用于快速创建网格布局。LESS 混合类可用于更多语义布局。

（5）列通过内边距（padding）来创建列内容之间的间隙。该内边距是通过 .rows 上的外边距（margin）取负，表示第一列和最后一列的行偏移。

（6）网格系统是通过指定想要横跨的 12 个可用的列来创建的。例如，要创建 3 个相等的列，则使用 3 个 .col-xs-4。下面来看网格的几个基本的结构：

```
<div class="container">
  <div class="row">
     <div class="col-*-*"></div>
  </div>
</div>
```

通过在 div 标签中设置 class="container" 和 class="row" 完成响应式容器和行的设置。然后通过 class="col-xs-6 col-sm-3" 完成 div 在栅格系统中行列的定位，从而形成如图 9.5 所示的栅格效果。

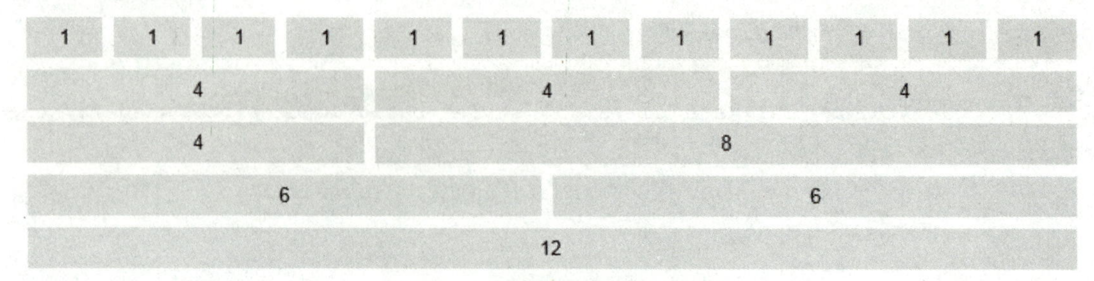

图 9.5 十二栅格系统效果分布图

4. 案例练习

建立 HTML 文件，完成菜单的进入和分类，并引入 bootstrap 和 jquery，实现菜单显示。

扫一扫：查看分析和解答

9.2 【案例23】BootStrap实用类

9.2.1 排版

1. 案例分析——BootStrap 列表页面设计

1）需求分析

在网页代码中实现有序列表、无序列表和自定义列表 3 种列表的显示，并完成标题的使用。3 种列表依次显示，其中有序列表的编号从 1 开始编号。效果图如图 9.6 所示。

有序列表

1. Item 1
2. Item 2
3. Item 3
4. Item 4

无序列表

- Item 1
- Item 2
- Item 3
- Item 4

未定义样式列表

Item 1
Item 2
Item 3
Item 4

内联列表

Item 1　Item 2　Item 3　Item 4

定义列表

Description 1
Item 1
Description 2
Item 2

水平的定义列表

Description 1　Item 1
Description 2　Item 2

图 9.6　列表页面效果

2）设计思路

（1）新建 HTML 文件，进行头文件的引入。

（2）编写页面代码，进行列表样式的设置。

2. 实现步骤

新建 HTML 页面，引入 bootstrap.min.css 和 bootstrap.min.js，以及 jquery-3.3.1.min.js 文件，代码如下：

```
<!DOCTYPE html>
<html lang="en">
<head>
    <meta charset="UTF-8">
    <title> 列表 </title>
```

```
    <link rel="stylesheet" href="bootstrap-4.0.0-dist/css/bootstrap.min.css">
    <script type="text/javascript" src="js/jquery-3.3.1.min.js"></script>
    <script src="bootstrap-4.0.0-dist/js/bootstrap.min.js"></script>
  </head>
  <body>
  <h4>有序列表</h4>
  <ol>
   <li>Item 1</li>
   <li>Item 2</li>
   <li>Item 3</li>
   <li>Item 4</li>
  </ol>
  <h4>无序列表</h4>
```

进行 body 标签内的列表的编写

```
<ul>
   <li>Item 1</li>
   <li>Item 2</li>
   <li>Item 3</li>
   <li>Item 4</li>
</ul>
<h4>未定义样式列表</h4>
<ul class="list-unstyled">
   <li>Item 1</li>
   <li>Item 2</li>
   <li>Item 3</li>
</ul>
```

3. 知识点讲解

1）标题

标题是一个网页文字信息展示中最为重要的部分之一。BootStrap 中定义了 1~6 级标题的样式，对 HTML 自带的标题样式有较大修改。

2）列表

列表是网页显示中最为常用的元素之一，列表的使用主要有有序列表、无序列表和自定义列表 3 种。Bootstrap 支持有序列表、无序列表和定义列表。

（1）有序列表。有序列表是指以数字或其他有序字符开头的列表。

（2）无序列表。无序列表是指没有特定顺序的列表，是以传统风格的着重号开头的列表。如果不想显示这些着重号，可以使用 class .list-unstyled 来移除样式。也可以通过使用 class .list-inline 把所有的列表项放在同一行中。

（3）定义列表。在这种类型的列表中，每个列表项可以包含 <dt> 和 <dd> 元素。<dt> 代表定义术语，就像字典。接着，<dd> 是 <dt> 的描述。.dl-horizontal 可以让 <dl> 内的短语及其描述排在一行。开始是像 <dl> 的默认样式堆叠在一起，随着导航条逐渐展开而排列在一行。

在页面代码中 ol 和 li 为有序列表，有序列表的编号默认是从 1 开始编码的。ul 和 li 为无序列表，无序列表的应用在列表中最为广泛。dl、dt、dd 为自定义序列的列表。3 种列表相互配合才能完成所有得到的页面效果

4. 案例练习

在网页中依次列出 h1~h6 的 6 种标题的样式，引入 BootStrap 的标准显示样式实现标题的输出。

扫一扫：查看分析和解答

9.2.2　表单

1. 案例分析——表单设计

1）需求分析

在页面中实现输入姓名水平排列的表单，完成表单的样式设置，形成页面展现给用户查看。表单中有记住字样的复选框和一个登录按钮。效果图如图 9.7 所示。

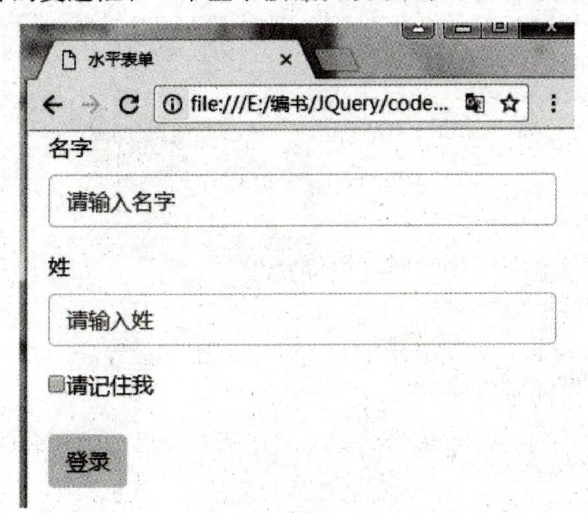

图 9.7　表单效果图

2）设计思路

（1）新建 HTML 文件，进行头文件的引入。

（2）编写页面代码，进行文本框和登录按钮的设置。

（3）通过 CSS 对文本框的提示文字进行设置

2. 实现步骤

新建 HTML 页面，引入 bootstrap 样式表和脚本文件。代码如下：

```
<!DOCTYPE html>
<html lang="en">
<head>
    <meta charset="UTF-8">
    <title> 水平表单 </title>
```

```
    <link rel="stylesheet" href="bootstrap-4.0.0-dist/css/bootstrap.min.
css">
    <script type="text/javascript" src="js/jquery-3.3.1.min.js"></script>
    <script src="bootstrap-4.0.0-dist/js/bootstrap.min.js"></script>
  </head>
```

下面进行 body 标签内表单页面的布局操作，代码如下：

```
  <body>
    <form class="form-horizontal" role="form">
   <div class="form-group">
     <label for="firstname" class="col-sm-2 control-label">名字</label>
     <div class="col-sm-10">
        <input type="text" class="form-control" id="firstname" placeholder="请
输入名字">
     </div></div>
   <div class="form-group">
     <label for="lastname" class="col-sm-2 control-label">姓</label>
     <div class="col-sm-10">
         <input type="text" class="form-control" id="lastname" placeholder="请
输入姓">
     </div> </div>
   <div class="form-group">
     <div class="col-sm-offset-2 col-sm-10">
        <div class="checkbox">
          <label>
            <input type="checkbox">请记住我
          </label>
        </div> </div> </div>
   <div class="form-group">
     <div class="col-sm-offset-2 col-sm-10">
        <button type="submit" class="btn btn-default">登录</button>
     </div> </div>
  </form>
  </body>
  </html>
```

3. 知识点讲解

Bootstrap 提供了下列类型的表单布局：垂直表单（默认）、内联表单、水平表单。在本节将学习如何使用 Bootstrap 创建表单。Bootstrap 通过一些简单的 HTML 标签和扩展的类即可创建出不同样式的表单。

1）垂直或基本表单

基本的表单结构是 Bootstrap 自带的，个别的表单控件自动接收一些全局样式。下面列出了创建基本表单的步骤。

（1）向父 <form> 元素添加 role="form"。

（2）把标签和控件放在一个带有 class .form-group 的 <div> 中。这是获取最佳间距所必需的。

（3）向所有的文本元素 <input>、<textarea> 和 <select> 添加 class ="form-control"。

2）内联表单

如果需要创建一个表单，它的所有元素是内联的，向左对齐的，标签是并排的，请向 <form> 标签添加 class .form-inline。

（1）默认情况下，Bootstrap 中的 input、select 和 textarea 有 100% 宽度。在使用内联表单时，需要在表单控件上设置一个宽度。

（2）使用 class .sr-only，可以隐藏内联表单的标签。

3）水平表单

水平表单与其他表单不仅标记的数量上不同，而且表单的呈现形式也不同。如需创建一个水平布局的表单，请按下面的几个步骤进行。

（1）向父 <form> 元素添加 class .form-horizontal。

（2）把标签和控件放在一个带有 class .form-group 的 <div> 中。

（3）向标签添加 class .control-label。

4）BootStrap 按钮

本节将通过实例讲解如何使用 Bootstrap 按钮。任何带有 class .btn 的元素都会继承圆角灰色按钮的默认外观。但是 Bootstrap 提供了一些选项来定义按钮的样式。

以下样式可用于 <a> <button> 或 <input> 元素上。

（1）.btn：为按钮添加基本样式。

（2）.btn-default：默认 / 标准按钮。

（3）.btn-primary：原始按钮样式（未被操作）。

（4）.btn-success：表示成功的动作。

（5）.btn-info：该样式可用于要弹出信息的按钮。

（6）.btn-warning：表示需要谨慎操作的按钮。

（7）.btn-danger：表示一个危险动作的按钮操作。

（8）.btn-link：让按钮看起来像个链接（仍然保留按钮行为）。

（9）.btn-lg：制作一个大按钮。

（10）btn-sm 制作一个小按钮。

（11）.btn-xs：制作一个超小按钮。

（12）.btn-block：块级按钮（拉伸至父元素 100% 的宽度）。

（13）.active：按钮被单击。

（14）.disabled：禁用按钮。

下面通过一个实例来完成按钮的演示。实例代码如下。

```
<!-- 标准的按钮 -->
<button type="button"class="btn btn-default">默认按钮</button>
<!-- 提供额外的视觉效果，标识一组按钮中的原始动作 -->
<button type="button"class="btn btn-primary">原始按钮</button>
```

```
<!-- 表示一个成功的或积极的动作 -->
<button type="button" class="btn btn-success">成功按钮</button>
<!-- 信息警告消息的上下文按钮 -->
<button type="button" class="btn btn-info">信息按钮</button>
<!-- 表示应谨慎采取的动作 -->
<button type="button" class="btn btn-warning">警告按钮</button>
<!-- 表示一个危险的或潜在的负面动作 -->
<button type="button" class="btn btn-danger">危险按钮</button>
<!-- 并不强调是一个按钮，看起来像一个链接，但同时保持按钮的行为 -->
<button type="button" class="btn btn-link">链接按钮</button>
```

5）BootStrap 图片

Bootstrap 提供了 3 个可对图片应用简单样式的 class。

（1）.img-rounded：添加 border-radius:6px 来获得图片圆角。

（2）.img-circle：添加 border-radius:50% 来让整个图片变成圆形。

（3）.img-thumbnail：添加一些内边距（padding）和一个灰色的边框。

通过在 <img> 标签添加 .img-responsive 类来让图片支持响应式设计。图片将很好地扩展到父元素。

.img-responsive 类将“max-width: 100%;”和“height: auto;”样式应用在图片上：

```
<img src="图片路径" class="img-rounded">
<img src="图片路径" class="img-circle">
<img src="图片路径" class="img-thumbnail">
```

6）辅助类

辅助类在 BootStrap 中起到辅助显示的目的，辅助类的设置一般都比较巧妙，能够完成页面的美化，同时代码显得较为简洁。

（1）文本辅助类。以下不同的类展示了不同的文本颜色。如果文本是个链接，鼠标移动到文本上会变暗。

① .text-muted：“text-muted”类的文本样式 。

② .text-primary：“text-primary”类的文本样式。

③ .text-success：“text-success”类的文本样式。

④ .text-info：“text-info”类的文本样式。

⑤ .text-warning：“text-warning”类的文本样式。

⑥ .text-danger：“text-danger”类的文本样式。

（2）背景辅助类。以下不同的类展示了不同的背景颜色。如果文本是个链接，鼠标移动到文本上会变暗。

① .bg-primary：表格单元格使用了“bg-primary”类

② .bg-success：表格单元格使用了“bg-success”类

③ .bg-info：表格单元格使用了“bg-info”类

④ .bg-warning：表格单元格使用了“bg-warning”类

⑤ .bg-danger：表格单元格使用了“bg-danger”类

4. 案例练习

在页面中实现输入姓名的垂直排列表单，表单中包含文本标签、输入框和登录按钮三部分内容。

扫一扫：
查看分析
和解答

9.3　【案例24】BootStrap组件

1. 案例分析——公司主页页面设计

1）需求分析

根据 bootstrap 的特性实现登录页面的制作，登录页面应该包含登录信息框、登录按钮，提示文字等相关信息。登录页面效果图如图 9.8 所示。

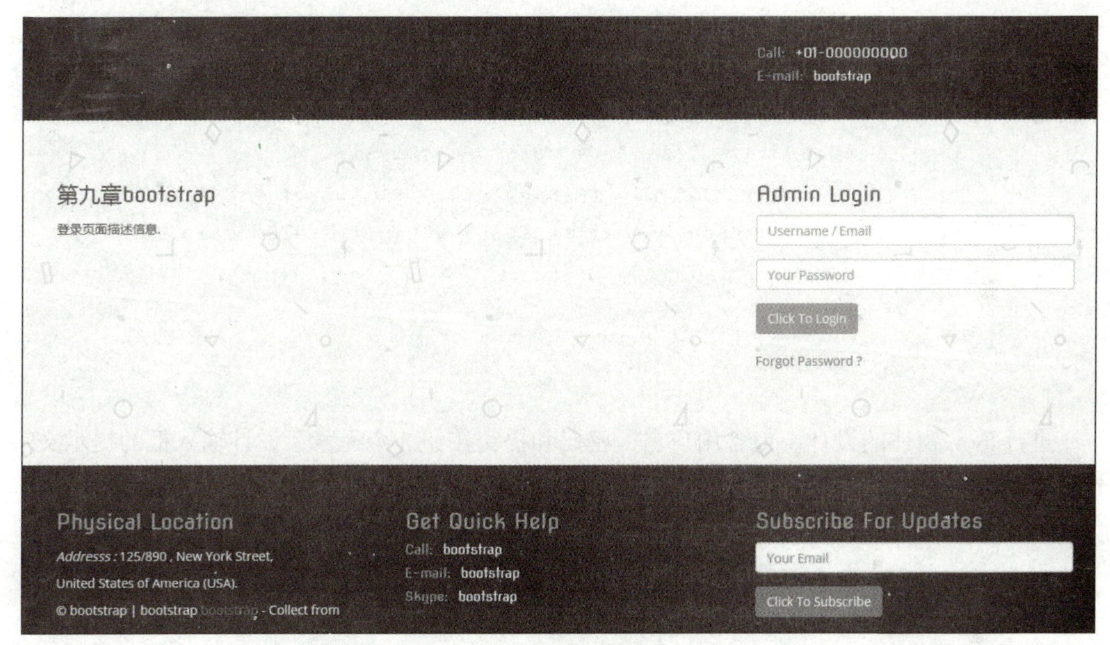

图 9.8　登录页面效果

2）设计思路

（1）新建 HTML 文件，进行头文件的引入。

（2）编写页面代码，进行列表样式的设置。

2. 实现步骤

新建 HTML 页面，并引入 bootstrap 和 jQuery 脚本，代码如下：

```
<!DOCTYPE html>
<head>
   <meta charset="utf-8" /> <meta name="viewport" content="width=device-width,
initial-scale=1, maximum-scale=1" />
   <meta name="description" content="" />
   <meta name="author" content="" />
<title>公司主页面 </title>
```

```
        <link href="css/bootstrap.min.css" rel="stylesheet" />
         <link href="css/font-awesome.min.css" rel="stylesheet" />
        <link href="css/style.css" rel="stylesheet" />
```

进行窗体代码设计完成头部 div 设计，通过 h4 和 span 的配合完成电话、E-mail 等信息的输入，代码如下：

```
    <div id="head">
        <div class="container">
            <div class="row">
                <div class="col-lg-4 col-md-4 col-sm-4">
                    <a href="index.html"><img src="#" /></a>
                </div>
                <div class="col-lg-4 col-md-4 col-sm-4 text-center" >
                   <img src="assets/img/top-mouse.png "class="header-mid"/>
                </div>
                <div class="col-lg-4 col-md-4 col-sm-4">
                    <h4><span>Call:</span> +01-111-111-567</h4>
                    <h4><span>E-mail:</span> robincrystal@domain.com</h4>
                </div>
            </div>
        </div>
    </div>
```

进行 form 窗体的设计，包含用户名、密码和提交按钮 3 个元素，设计输入框的提示文字和提交按钮的颜色，代码如下：

```
  <form>
     <div class="form-group col-lg-12 col-md-12 col-sm-12">
        <label>题目</label>
           <input  type="text"  class="form-control"  required="required"
placeholder="Enter Subject" />
     </div>
     <div class="form-group col-lg-12 col-md-12 col-sm-12">
          <label>登记信息</label>
    <textarea class="form-control" rows="14" placeholder="Enter Notification"
></textarea>
     </div>
    <div class="form-group col-lg-12 col-md-12 col-sm-12">
        <button type="submit" class="btn btn-primary">提交</button>
     </div>
  </form>
```

3. 知识点讲解

1）下拉菜单组件

下拉菜单是 BootStrap 中使用最为频繁的一个组件，该组件的使用比较简单，只需要在 class 的属性中设置 dropdown 字样即可实现下拉菜单的快速生成，这样做的好处是可以自己设计符合需求的自定义的菜单样式。

下拉菜单是可切换的，是以列表格式显示链接的上下文菜单。这可以通过与下拉菜单（Dropdown）JavaScript 插件的互动来实现。如需使用下拉菜单，只需要在 class .dropdown 内加上下拉菜单即可。下面的实例演示了基本的下拉菜单。

代码如下：

```
<div class="dropdown">
    <button type="button" class="btn dropdown-toggle" id="dropdownMenu1"
                data-toggle="dropdown">
        主题
        <span class="caret"></span>
    </button>
    <ul class="dropdown-menu" role="menu" aria-labelledby="dropdownMenu1">
        <li role="presentation">
            <a role="menuitem" tabindex="-1" href="#">Java</a>
        </li>
        <li role="presentation">
            <a role="menuitem" tabindex="-1" href="#">数据挖掘</a>
        </li>
        <li role="presentation">
            <a role="menuitem" tabindex="-1" href="#">数据通信/网络</a>
        </li>
        <li role="presentation" class="divider"></li>
        <li role="presentation">
            <a role="menuitem" tabindex="-1" href="#">分离的链接</a>
        </li>
    </ul>
</div>
```

2）导航和导航条

导航栏是一个很好的功能，是 Bootstrap 网站的一个突出特点。导航栏在网站中作为导航页头的响应式基础组件。导航栏在移动设备的视图中是折叠的，随着可用视图宽度的增加，导航栏也会水平展开。在 Bootstrap 导航栏的核心中，导航栏包括了站点名称和基本的导航定义样式。

创建一个默认的导航栏的步骤如下。

（1）向 <nav> 标签添加 class .navbar、.navbar-default。

（2）向上面的元素添加 role=”navigation”，有助于增加可访问性。

（3）向 <div> 元素添加一个标题 class .navbar-header，内部包含了带有 class navbar-brand

的 <a> 元素。这会让文本看起来更大一号。

为了向导航栏添加链接，只需要简单地添加带有 class .nav、.navbar-nav 的无序列表即可。案例代码如下：

```
<nav class="navbar navbar-default" role="navigation">
<div class="container-fluid">
<div class="navbar-header">
    <a class="navbar-brand" href="#"> 导航条教程 </a>
</div>
<div>
    <ul class="nav navbar-nav">
        <li class="active"><a href="#">iOS</a></li>
        <li><a href="#">SVN</a></li>
        <li class="dropdown">
            <a href="#" class="dropdown-toggle" data-toggle="dropdown">
                Java
                <b class="caret"></b>
            </a>
            <ul class="dropdown-menu">
                <li><a href="#">jmeter</a></li>
                <li><a href="#">EJB</a></li>
                <li><a href="#">Jasper Report</a></li>
                <li class="divider"></li>
                <li><a href="#"> 分离的链接 </a></li>
                <li class="divider"></li>
                <li><a href="#"> 另一个分离的链接 </a></li>
            </ul>
        </li>
    </ul>
  </div>
  </div>
</nav>
```

3）面板组件

面板组件用于把 DOM 组件插入到一个盒子中。创建一个基本的面板，只需要向 <div> 元素添加 class .panel 和 class .panel-default 即可，如下面的实例所示。

```
<div class="panel panel-default">
  <div class="panel-body">
     这是一个基本的面板
  </div>
</div>
```

可以通过以下两种方式来添加面板标题。

（1）使用 .panel-heading class 可以很简单地向面板添加标题容器。

（2）使用带有 .panel-title class 的 <h1>-<h6> 来添加预定义样式的标题。

```
<div class="panel panel-default">
  <div class="panel-heading">
      不带 title 的面板标题
  </div>
  <div class="panel-body">
      面板内容
  </div>
</div>

<div class="panel panel-default">
  <div class="panel-heading">
      <h3 class="panel-title">
          带有 title 的面板标题
      </h3>
  </div>
  <div class="panel-body">
      面板内容
  </div>
</div>
```

4. 案例练习

在页面中基于 BootStrap 的导航菜单，至少有二级菜单，并能实现自适应布局。

扫一扫：查看分析和解答

第10章

扩展 PhoneGap

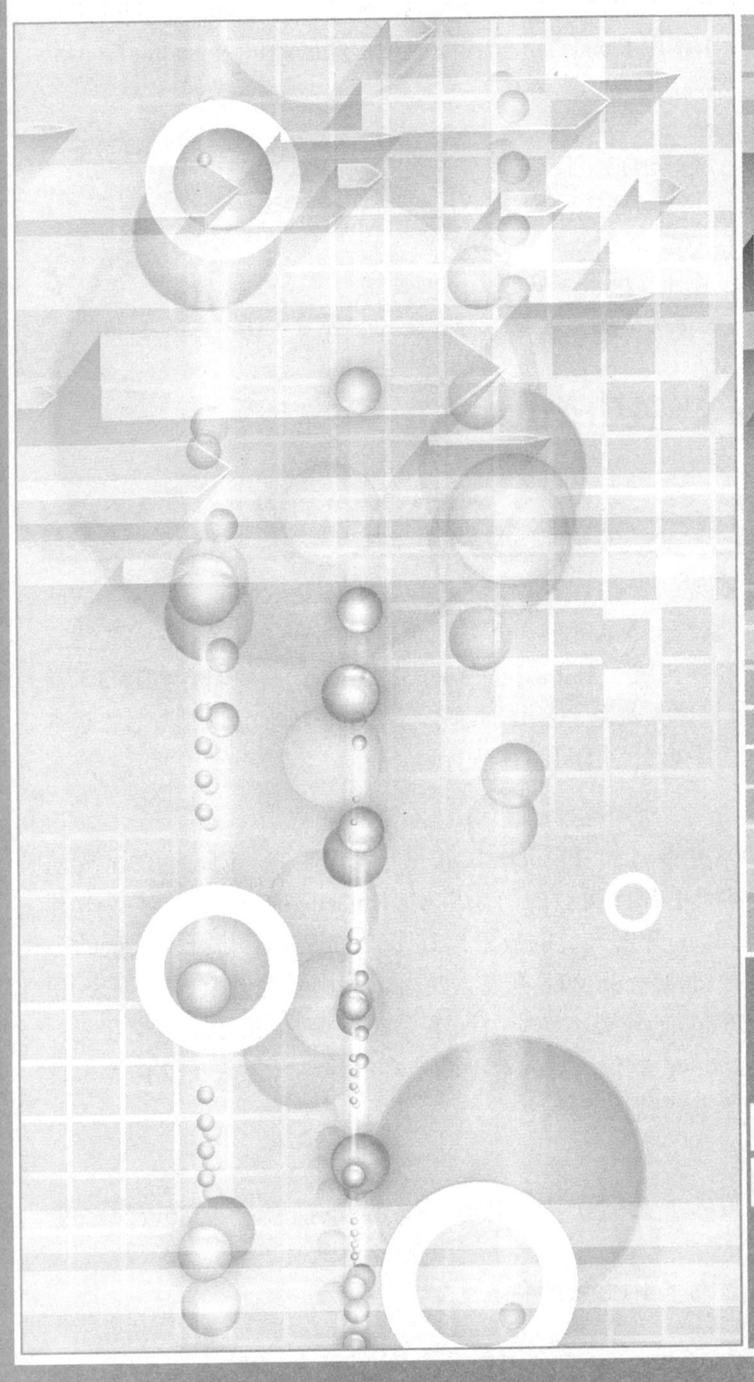

■【案例25】探索 PhoneGap

■【案例26】开发 PhoneGap 程序

目前的前端市场越来越朝着移动端发展，移动端的用户体验度激增。因此前台的框架技术也随之转变。PhoneGap 是一个采用 HTML、CSS 和 JavaScript 的技术，创建跨平台移动应用程序的快速开发平台。它使开发者能够在网页中调用 iOS、Android、Palm、Symbian、WP7、WP8、Bada 和 Blackberry 等智能手机的核心功能，包括地理定位、加速器、联系人、声音和振动等，此外 PhoneGap 拥有丰富的插件，可以调用。

计算机软件公司 Adobe 2011 年 10 月 4 日宣布收购创建了 HTML5 移动应用框架 PhoneGap 和 PhoneGap Build 的新创公司 Nitobi Software。

收购后，Adobe 将为开发人员提供两个强大的跨平台原生移动应用程序开发工具：基于 HTML5 和 JavaScript 脚本的 PhoneGap，以及 Adobe Flash 与 Adobe AIR。PhoneGap 的开源框架目前已被下载超过 60 万次，有几千款用 PhoneGap 构建的应用程序已经进入 Android、iOS、黑莓和其他操作系统的移动应用程序商店中。

本章重点 ⇨
1. 理解 PhoneGap 框架的使用方式。
2. 掌握 PhoneGap 环境的搭建。
3. 掌握 PhoneGap 的一般用法。
4. 掌握 JQuery 中对 HTML 和 CSS 的操作方法。

10.1 【案例25】探索PhoneGap

10.1.1 PhoneGap概述

PhoneGap 是一款开源的开发框架，旨在让开发者使用 HTML、JavaScript、CSS 等 Web APIs 开发跨平台的移动应用程序。原本由 Nitobi 公司开发，现在由 Adobe 拥有。它需要特定平台提供的附加软件，如 iPhone 的 iOS SDK、Android 的 Android SDK 等，也可以与 DW5.5 及以上版本配套开发。使用 PhoneGap 只比为每个平台分别建立应用程序好一点，因为虽然基本代码是一样的，但是仍然需要为每个平台分别编译应用程序。

1. 起源

第一段 PhoneGap 代码是在 2008 年 8 月的 iPhoneDevCamp 上编写成的。创建它的主要动力是基于每一个单独的 iPhone 开发新手都要面对的简单事实：Objective-C 是一个对 Web 开发人员来说非常陌生的环境，并且 Web 开发人员的数量远远多于 Objective-C 开发人员的数量。问题是，是否有人可以开发一个框架，让 Web 开发人员可以利用所有的 HTML、CSS 和 JavaScript 知识，而且仍旧可以同 iPhone 的重要本地应用程序（如摄像头和通讯录）交互呢？就在那一年，PhoneGap 开始支持 Android 平台，对人数不断增多的移动开发人员变得越来越有用，这些人员需要在更多的平台上获得代码支持。

2. 版本

2011 年 7 月 29 日，PhoneGap 发布了 1.0 版产品。PhoneGap 1.0 的推出，该公司表示，重点是访问本地设备的 API。

2011 年 10 月 1 日，PhoneGap 发布了 1.1.0 版产品。

新功能：支持黑莓 playbook 的 WebWorks 并入，orientationchange 事件；媒体审查（使用 HTML5 的音频和 / 或正常化的 API）。

2012 年 3 月 6 日，PhoneGap 发布了 1.5.0 版产品。

2013 年 1 月 PhoneGap 发布了 2.3.0 版产品

Adobe 已经发布 PhoneGap2.3.0 完全支持 Windows Phone 8。它还包括支持 inappbrowser，这使用户可以在全屏模式观看视频文件。新版本提供了一个在文件传输失败能够删除不完整文件的新特性，还包括插件查询 urlisallowed( ) 方法抽象。

3. 功能

（1）兼容性。完全做到了只需编写一次程序就可以永远运行。

（2）标准化。PhoneGap 用 W3C 标准，Web App 直接就能运行，尤其是和 JQ Mobile 结合在一起使用时，运行效果更好。

（3）用 JavaScript+HTML5。这和 iOS 或 Android 的代码加 XML 有区别吗？在笔者看来都差不多。当然目前 PhoneGap 缺陷还是蛮多的，如运行速度慢。对此问题，国内已有 WeX5 开源框架专门对 PhoneGap 做了进一步深度优化，基于 WeX5 框架开发出来的 APP 体验已经接近原生。它的优势是无与伦比的：开发成本低，至多是 Native App 的 1/5。跨平台的流行是不可避免的。当然，Native App 永远会有一席之地，如高端游戏。

10.1.2 搭建PhoneGap开发环境

PhoneGap 的环境搭建还是有点复杂的，这里讲解两种方法：第一种是应用传统的 eclipse、Android SDK 开发和 Node.js 及 Ant 搭建联合环境的方式；第二种是应用 PhoneGap Desktop App 开发工具。

首先介绍搭建第一种环境的基本准备。

- Java JDK：使用新版的 JDK 安装包。
- Android SDK：最新版（当时的版本是 API 19）。
- Ant：打包工具。
- Eclipse：（建议使用 Google 的，因为内置 ADT）。
- ADT：Ecplise 里的插件，安卓开发工具插件，内部集成了 ADT。
- Node.js。
- Sublime（本书案例的主要开发工具）。

第一步，下载 JDK 开发工具，JDK 的安装需要设置环境变量。JDK 的安装比较简单在这里就不再详细表述了。JDK 的下载地址如下：

```
http:// http://www.oracle.com/technetwork/java/javase/downloads/index.html
```

第二步，进行 Android SDK 的安装，Android SDK 需要进行在线更新，完成 SDK 的更新后方可进行开发，下载地址为“http://www.android-doc.com/sdk/”。

第三步，进行 Eclipse 的安装。可以去官方网站下载最新版的支持 Android 的 Eclipse。下载完毕后解压即可。

第四步，进行 Ant 的下载和安装。

首先，安装 Ant 可以去官网下载最新版（http://ant.apache.org），如图 10.1 所示。

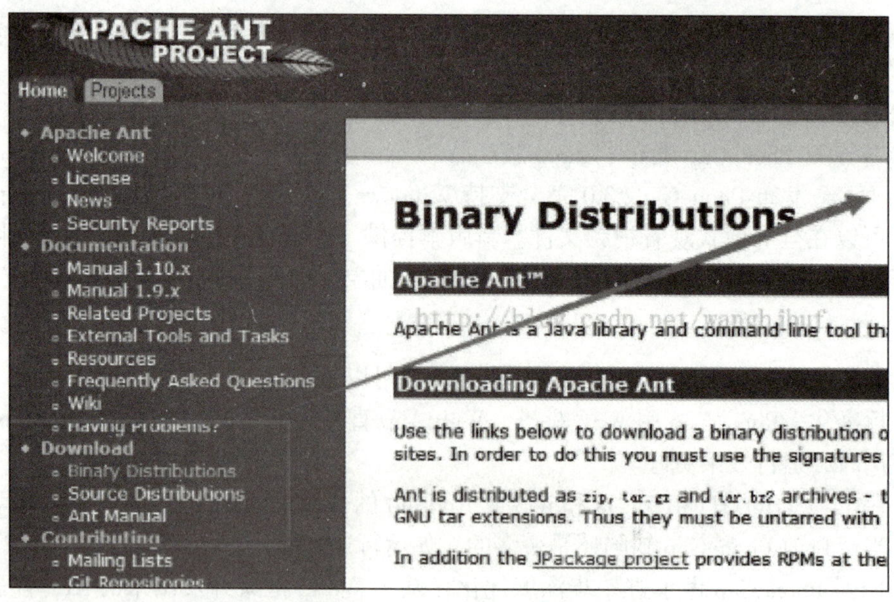

图 10.1　Ant 官网下载截图

其次，进行环境变量的设置。Windows 中设置 Ant 环境变量：

```
ANT_HOME     F:\ant\apache-ant-1.9.8
Path         %ANT_HOME%\bin
ClassPath    %ANT_HOME%\lib
```

最后，验证安装效果，如图 10.2 所示。

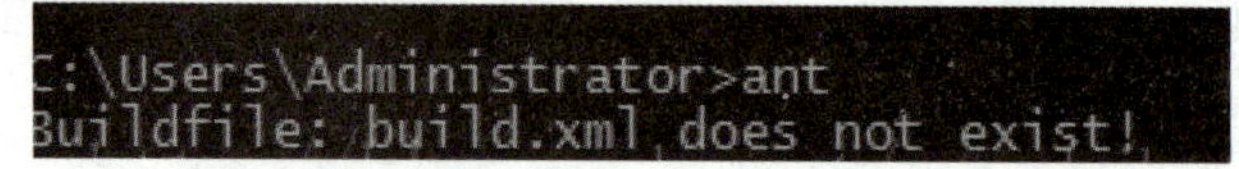

图 10.2　Ant 下载完毕截图

第五步，Node.js 的安装。可以去官网直接下载 “https://nodejs.org/en/”，如图 10.3 所示，下载后进行安装调试。Node.js 是较为流行的一款 JS 开发框架，Node.js 的出现把客户端的 JavaScript 代码实现到了服务器端，完成了这门语言最大的短板。

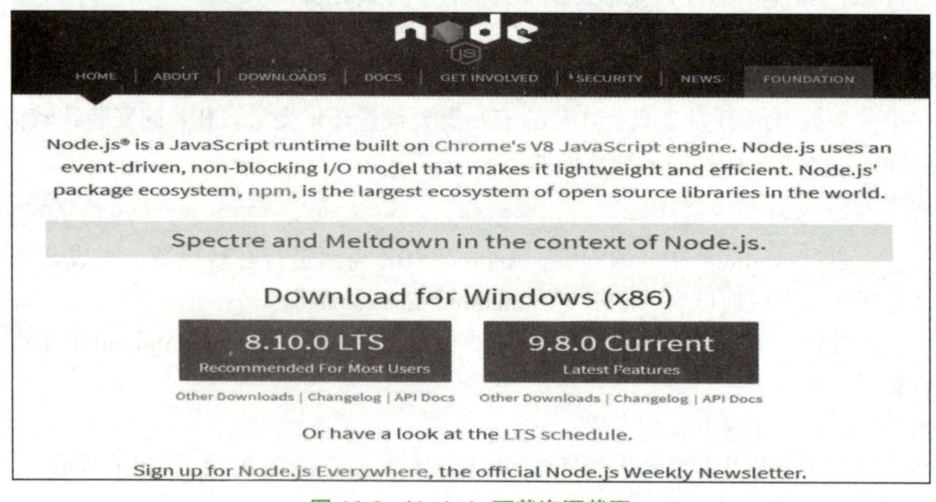

图 10.3　Node.js 下载资源截图

第六步，进行 PhoneGap 的安装和调试。在命令提示符下完成“npm install -g phonegap”命令，接下来安装 cordova: npm install -g cordova。

至此，第一种开发工具安装完毕。第二种开发工具比较简单，主要下载 PhoneGap Desktop App 开发工具即可完成开发过程。

10.2 【案例26】开发PhoneGap程序

1. 案例分析——PhoneGap 页面设计

1）需求分析

制作一个具有导航按钮和工程目录菜单的 APP 程序，效果图如图 10.4 所示。

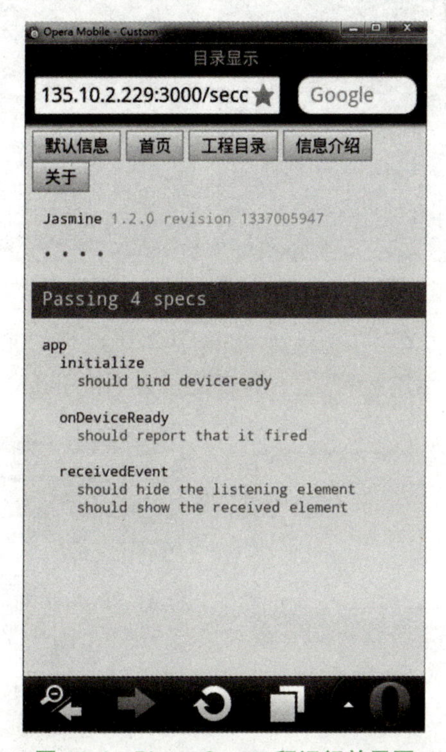

图 10.4 PhoneGap 工程运行效果图

通过上述功能分析，对网页进行导航按钮和菜单设计，具体分为以下两个步骤。

（1）搭建新的工程 APP。

（2）设计菜单和导航按钮样式及功能。

2）设计思路

（1）新建 PhoneGap Desktop 工程，并使用 Sublime 编辑 HTML 页面。

（2）设计导航按钮及菜单布局和样式。

（3）进行脚本编程，实现折叠功能

2. 实现步骤

新建 PhoneGap 工程。完成 PhoneGap 工程的建立，并完成服务器端口的设置，本案例以 3000 端口为例进行服务器的配置，如图 10.5 所示。

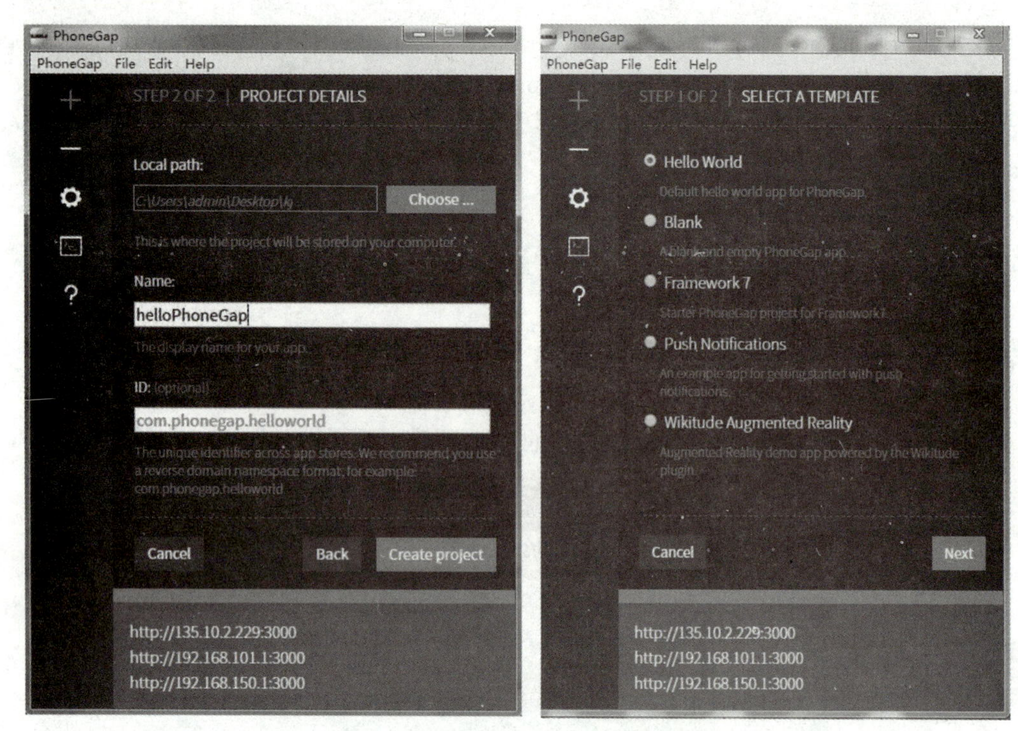

图 10.5 PhoneGap 新建工程界面

服务器创建完毕，工程建立后，地址为“http:// 本机地址 :3000”。工程建立完毕后，在本地硬盘生成 APP 源码文件，然后运行主页 www 文件夹下的 index.html，如图 10.6 所示。

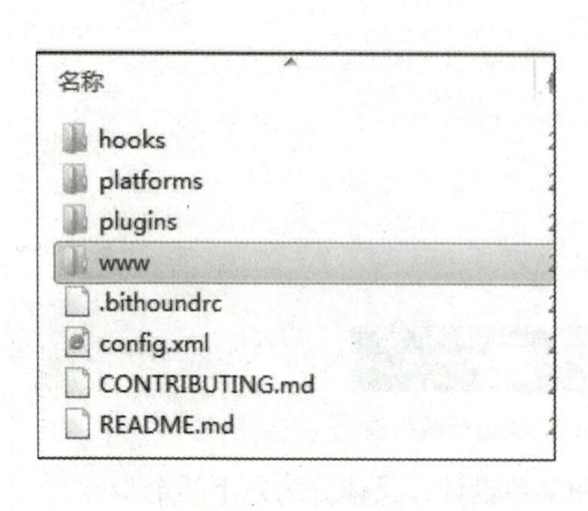

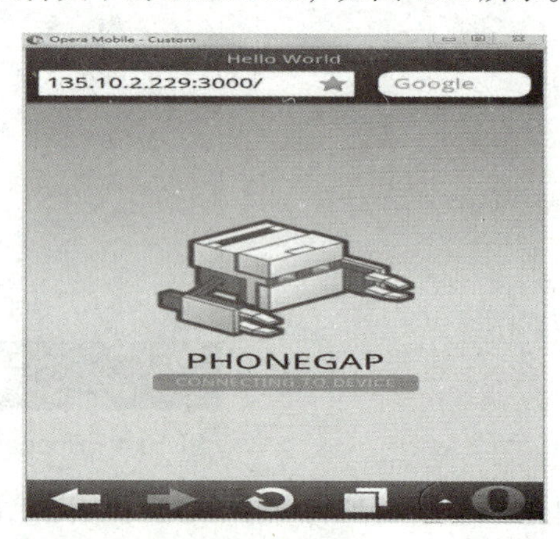

图 10.6 PhoneGap 项目有运行效果

打开 Sublime 进行页面代码编辑，完成按钮的创建和菜单事件的加载，代码如下：

```
<html>
  <head>
      <title>目录显示</title>
      <link rel="shortcut icon" type="image/png" href="spec/lib
/jasmine-1.2.0/jasmine_favicon.png">
      <link rel="stylesheet" type="text/css" href="spec/lib/
jasmine-1.2.0/jasmine.css">
```

```
        <script type="text/javascript" src="spec/lib/
jasmine-1.2.0/jasmine.js"></script>
        <script type="text/javascript" src="spec/lib/
jasmine-1.2.0/jasmine-html.js"></script>
         <script type="text/javascript" src="js/index.js"></script>
        <script type="text/javascript" src="spec
/helper.js"></script>
        <script type="text/javascript" src="spec/index.js"></script>
        <script type="text/javascript">
            (function() {
                var jasmineEnv = jasmine.getEnv();
                jasmineEnv.updateInterval = 1000;
                var htmlReporter = new jasmine.HtmlReporter();
                jasmineEnv.addReporter(htmlReporter);
                jasmineEnv.specFilter = function(spec) {
                    return htmlReporter.specFilter(spec);
                };
                var currentWindowOnload = window.onload;
                window.onload = function() {
                    if (currentWindowOnload) {
                        currentWindowOnload();
                    }
                    execJasmine();
                };
                function execJasmine() {
                    jasmineEnv.execute();
                }
            })();
        </script>
    </head>
    <body>
        <div id="stage" style="display:none;"></div>
            <button type="button" class="btn btn-default">默认信息</button>
<!-- 提供额外的视觉效果，标识一组按钮中的原始动作 -->
<button type="button" class="btn btn-primary">首页</button>
<!-- 表示一个成功的或积极的动作 -->
<button type="button" class="btn btn-success">工程目录</button>
<!-- 信息警告消息的上下文按钮 -->
<button type="button" class="btn btn-info">信息介绍</button>
<!-- 表示应谨慎采取的动作 -->
<button type="button" class="btn btn-warning">关于</button>
```

```
<!-- 表示一个危险的或潜在的负面动作 -->
  </body>
</html></script>
      <div class="col-*-*"></div>
  </div>  </div>
```

3. 知识点讲解

PhoneGap 的事件处理如下。

（1）deviceready 事件：在使用 PhoneGap 开发应用时，deviceready 事件是非常常用的。这一事件在设备的本地环境和页面完全加载完成之后才触发。

注意： 此事件一般晚于 JQuery 的 ready 事件，JQuery 的 ready 事件是在 DOM 完全加载完成后触发，deviceready 则是设备的本地环境和页面完全加载完成之后才触发。

PhoneGap 包含两个基础，native 和 JavaScript，当 native 加载的时候，自定义的一些图片会被调用，而 JavaScript 需要在 DOM 加载后就会被加载。这时可能造成 JavaScript 在图片加载前就已经被调用了。使用 deviceready 事件可以很好地解决这类问题，它可以保证 PhoneGap 是在完全加载完成后，才会被触发。

（2）pause 事件：当 PhoneGap 应用被置为后台时触发。

（3）resume 事件：当 PhoneGap 应用重新从后台置为前台时触发。

（4）online 事件：当 PhoneGap 应用连接因特网时触发。

（5）offline 事件：当 PhoneGap 应用断开因特网时触发。

（6）backbutton 事件：当单击退回按钮时触发。

（7）menubutton 事件：当单击菜单按钮时触发。

（8）batterycritical 事件：当 PhoneGap 应用监控到电池达到警告时触发（20%）。batterycritical 的处理程序将会调用一个对象，该对象包含以下两个属性。

① level：电池剩余电量的百分比，取值范围为 0~100（数字类型）。

② isPlugged：boolean 型的值，表示设备是否接通电源。

4. 案例练习

扫一扫：查看分析和解答

使用 PhoneGap Desktop APP 建立一个 APP 工程，实现登录窗体的搭建，完成登录窗体的自适应显示功能。